Dieter Schmidtke

Das Heimataquarium

Fische und Lurche,
Weichtiere und Insekten

Kosmos
Gesellschaft der Naturfreunde
Stuttgart

41 Farbfotos von U. Höch (1), B. Kahl (27), D. Schmidtke (12) und H. Schneider (1) sowie 10 Farbzeichnungen von C. Caspari und 26 Schwarzweißzeichnungen von I. Engelhardt (8), M. Golte-Bechtle (3), F. Knorr (6), R. Scharp (1), W. Söllner (1), H. Streble (2), W. Weiß (4), Archiv (1).
Die Bilder 10, 11, 20, 22, 23, 49, 75 und 104 entnahmen wir dem Kosmos-Naturführer „Was lebt in Tümpel, Bach und Weiher?" von W. Engelhardt, die Zeichnungen von Bild 39 dem Kosmos-Naturführer „Das Leben im Wassertropfen" von H. Streble und D. Krauter.
Umschlaggestaltung von Edgar Dambacher unter Verwendung einer Aufnahme von Burkard Kahl
Das Bild zeigt Elritzen (Phoxinus phoxinus)

Cip-Kurztitelaufnahme der Deutschen Bibliothek

Schmidtke, Dieter:
Das Heimataquarium: Fische u. Lurche, Weichtiere u. Insekten / Dieter Schmidtke. – Stuttgart: Franckh, 1983.
(Kosmos-Vivarium in Farbe)
ISBN 3-440-05186-2

Bild 1 (Seite 2). Ein Schwarm Schneider (*Alburnus bipunctatus*). Aufnahme B. Kahl

Franckh'sche Verlagshandlung, W. Keller & Co., Stuttgart / 1983

L 14 H hc / ISBN 3-440-05186-2
Satz: Fotosatz G. Gaul, Saulgau-Bogenweiler
Herstellung: Grafiche Muzzio, Padua/Italien

Das Heimataquarium

Vorwort

Wasser übt schon auf Kinder eine große Anziehungskraft aus. Vielleicht erinnert sich noch mancher von uns schmunzelnd an die Zeit, als wir mit selbstgebastelten Netzen und Konservengläsern an den nächsten Teich zogen. Voller Stolz zeigten wir daheim unsere Beute vor: Kaulquappen, Molche, vielleicht einen kleinen Fisch. Die geplagten Eltern mußten dann einen Behälter für unsere neuen Heimtiere einrichten. Unser erstes Aquarium war also oft ein Heimataquarium.

Was wir in der Jugend an Eindrücken, Erfahrungen und Erlebnissen gesammelt haben, das prägt oft ein lebenslanges Hobby und beeinflußt die Einstellung zur Umwelt und ihren Lebewesen. Fast jeder junge Aquarianer wendet sich aber von der Pflege einheimischer Wassertiere ab und steigt um auf Warmwasseraquarien. Das hat verschiedene Gründe: Tropische Fische locken durch ihre Farbenpracht, lassen sich einfacher halten und meist leichter züchten als einheimische Arten. Tropische Fische dürften tatsächlich als Anfängerfische besser geeignet sein. Sie sind auch in jedem Zoogeschäft zu haben, während einheimische Fische seltener angeboten werden.

In den letzten Jahren scheint sich eine Wende anzubahnen. Viele Gartenbesitzer legen sich einen Gartenteich an. Sie gewinnen dadurch neuen Kontakt zu einheimischen Wassertieren, nicht nur zu den Fischen. Kein Wunder, daß manch einer den Wunsch hat, seine Gartenteichtiere genauer zu beobachten, als es in einem Teich möglich ist. Vielleicht steht bald neben dem Aquarium mit den tropischen Fischen ein Heimataquarium. Versuchen Sie es doch einmal. Dieses Buch soll dazu beitragen, einheimische Wassertiere besser kennenzulernen und artgerecht zu pflegen.

Dieter Schmidtke

Das Heimataquarium

Wer hat nicht schon einmal davon geträumt, im Dämmerlicht des Urwaldes an einem tropischen Bach zu stehen, den Eindruck dieser fremden Lebensgemeinschaft in sich aufzunehmen und dann ein Aquarium einzurichten, das der natürlichen Umwelt seiner Pfleglinge weitgehend entspricht? Trotz der modernen Reisemöglichkeiten werden sich nur wenige Aquarianer ein solches Erlebnis gönnen können. An unseren heimischen Gewässern kann man eine Lebensgemeinschaft viel eingehender untersuchen, ja es besteht sogar die Möglichkeit, verschiedene Lebensgemeinschaften zu erforschen: einen Gebirgsbach, einen See, die Uferzone eines Teichs. Die Ausflüge ins Gelände lassen sich häufig wiederholen, während jeder noch so schöne Urlaub in den Tropen leider viel zu schnell vorbei ist.
Anschließend verbleiben für unsere tropischen Aquarientiere wieder die alten Informationsquellen: Bücher, Gespräche im Verein oder mit dem Zoohändler. Eine Lebensgemeinschaft am heimischen Gewässer kann so häufig aufgesucht werden, daß man durch fortgesetztes geduldiges Beobachten bald regelrechte Forschungsergebnisse erzielen kann. Wer sich dann den Ausschnitt eines Gewässers im Aquarium nachbaut, die nötigen Pflanzen und Tiere besorgt, gewinnt weitere interessante Einblicke in die Lebensweise und das Verhalten der Wassertiere. Durch die Möglichkeit, ein Gewässer an Ort und Stelle zu untersuchen, wird eine biotopgerechte Einrichtung des Aquariums und eine naturgemäße Fütterung wesentlich erleichtert. Dies kann für die Gesundheit unserer Pfleglinge nur zuträglich sein.
Reizvoll ist auch die Möglichkeit, nach einer gewissen Zeit das Becken auszuräumen, die Fische oder die anderen Wassertiere freizulassen und sich mit einer neuen Lebensgemeinschaft zu beschäftigen, etwa mit dem Ausschnitt aus einem Forellenbach. So etwas läßt sich mit einem Tropenaquarium ja nur sehr begrenzt und mit größeren Schwierigkeiten in die Tat umsetzen: Wohin mit den Fischen, wenn sie so groß geworden sind, daß kein Zoohändler mehr Interesse zeigt? Passen die Pflanzen noch in dieses neue Bild? Die Probleme, die ein solches Vorhaben aufwirft, sind jedem Aquarianer hinlänglich bekannt. Kaltwassertiere darf man zwar auch nicht ganz wahllos aussetzen. Es könnte Ärger mit dem Besitzer eines Fischteichs geben, wenn er zwischen seinen Karpfen plötzlich als Nahrungskonkurrenten Sonnenbarsche entdeckt. Dennoch bleiben noch genug Möglichkeiten, einheimische Wassertiere wieder loszuwerden: Man kann sie dort wieder aussetzen, wo sie gefangen wurden, an Gartenteichbe-

sitzer verschenken oder verkaufen, in Zoogeschäften anbieten. Im Zweifelsfalle empfiehlt es sich, beim Aussetzen von Fischen den zuständigen Fischereipächter zu fragen. In den meisten Fällen wird er die fraglichen Tiere ohnehin als Beifische bereits in seinem Gewässer haben, so daß es ihm nichts ausmachen dürfte, wenn dort ein paar Fische mehr herumschwimmen.

Bild 2. Tiere und Pflanzen für das Heimataquarium kann man sich selber besorgen. Aufnahme D. Schmidtke

Beschaffung der Tiere

Einheimische Fische sind meist nicht schwer zu bekommen. Fischzuchtanstalten geben für ein paar Mark Jungfische ab. Anglervereine setzen alljährlich Tausende kleiner Fische in ihre Vereinsgewässer ein. Da kommt es auf zwei oder drei kleine Karpfen oder Schleien fürs Aquarium nicht an. Auch in Zoogeschäften werden wieder vermehrt einheimische Fische angeboten. Mancher Jungfisch geht beim Fangen von Lebendfutter zufällig ins Netz, den darf man dann schon mal mitnehmen. An Tümpeln, auch in schmalen Wiesengräben kann man sich ohne weiteres Wasserinsekten, Wasserschnecken oder Flohkrebse besorgen. Schwieriger ist es, an Eier oder Larven der geschützten Amphibien heranzukommen. Froschlaich, Kaulquappen, Molche und ihre Larven dürfen aus freien Gewässern nicht mehr entnommen werden. Hier können oft die Besitzer von Gartenteichen aushelfen. In solchen Kleingewässern siedeln sich in geeigneten Lagen oft Frösche und Molche von selbst an. Die Gartenteiche werden aber oft von so vielen Fröschen aufgesucht, daß es den Kaulquappen auf dem engen Raum an Nahrung mangelt. Ein Teil der Kaulquappen muß aus diesem Grund oft in andere Gewässer umgesiedelt werden. So kann der Gartenbesitzer wohl einige Molchlarven und Kaulquappen weitergeben, am besten mit der Auflage, sie später in ein geeignetes Gewässer auszusetzen. Auf diese Weise kann zur Verbreitung gefährdeter Arten beigetragen werden. Allerdings müßte dann schon eine größere Anzahl der Larven in das Gewässer gebracht werden, denn die Verluste durch natürliche Feinde sind hoch.

„Heimtierhaltung ist Artenschutz." Dieser Werbeslogan, der in manchen Zoogeschäften immer wieder auftaucht, gilt wohl am ehesten für die einheimischen Tiere. Man bedenke nur, wie viele der netten kleinen Wasserschildkröten bei Fang und Transport aus Übersee ihr Leben lassen müssen, bis einige von ihnen im Zoogeschäft auf Liebhaber warten. Mit anderen ausländischen Tieren sieht es leider nicht besser aus.

Artenschutz läßt sich bei einheimischen Wassertieren besser verwirklichen. Man denke nur an die kurzen Transportwege, an die Möglichkeit, überzählige oder zu groß gewordene Tiere wieder auszusetzen. Auch die Aufzucht unter weitgehender Ausschaltung des Verlusts durch natürliche Feinde bedeutet einen gewissen Artenschutz. Wirklichen Artenschutz bewirkt jeder, der einheimische Wassertiere züchtet und die Nachkommen in verödete oder verarmte Gewässer aussetzt. Dabei sollte allerdings beachtet werden, daß die Naturschutzbestimmungen es verbieten, Tiere auszusetzen, die nicht in die heimische Natur gehören. Sie könnten das Gefüge der gewachsenen Lebensgemeinschaft, das Ökosystem, empfindlich stören. Einige Wassertiere, die vor Jahrzehnten in heimischen Gewässern ausgesetzt wurden, können allerdings heute bereits als einheimisch gelten, zum Beispiel Goldfische oder Regenbogenforellen. Besonders die Regenbogenforelle konnte sich in vielen Flüssen behaupten.

Probleme mit Heimataquarien

Im Laufe von Jahrmillionen haben sich die Lebewesen an ganz unterschiedliche Umweltbedingungen angepaßt. Manche Wassertiere leben in heißen Quellen, andere im eisigen Wasser der Gebirgsbäche. Man stellt sich den Vorgang der Anpassung so vor: Jeweils die Exemplare einer Tierart, die von ihren Erbanlagen her in einer gegebenen Umwelt besser bestehen konnten, hatten eine größere Chance, geschlechtsreif zu werden. Sie konnten somit die umweltgünstige Erbanlage eher an ihre Nachkommen weitergeben als erbmäßig weniger begünstigte Tiere derselben Art. Im Laufe von sehr langen Zeiträumen mußte es dann zu den nahezu vollkommenen Anpassungen an die jeweilige Umwelt kommen, wie wir sie bei den heute lebenden Tieren beobachten können.

Je besser ein Tier an seine Umwelt angepaßt ist, desto empfindlicher reagiert es auf Veränderungen. Bachforellen zum Beispiel leben in schnellfließenden, relativ kalten Gewässern mit hohem Sauerstoffgehalt. Setzt man sie in einen Karpfenteich, dann würden sie in kurzer Zeit sterben. Auch Elritzen bevorzugen kalte, fließende Gewässer. Sie können aber auch im Karpfenteich weiterleben, wenn man sie langsam an die Verhältnisse im neuen Wohngewässer gewöhnt. Elritzen haben also eine höhere Anpassungsfähigkeit an eine neue Umwelt als die Bachforellen. Sie eignen sich daher auch besser als Aquarienfische. Denn im Aquarium läßt sich eine natürliche Umwelt nur unvollkommen nachahmen.

Naturnahe Umwelt im Aquarium

Die wichtigsten Umweltbedingungen, die im Aquarium so weit wie möglich den Verhältnissen in der Natur entsprechen sollten, sind die unbelebten. Man nennt sie die abiotischen Faktoren eines Ökosystems. Wassertemperatur, Wasserhärte, Fließgeschwindigkeit, Sauerstoffgehalt spielen bei den Wassertieren eine besondere Rolle. Für die Wasserpflanzen ist die Dauer der Lichteinstrahlung wichtig, aber auch die Wassertemperatur und der Gehalt an Kohlendioxid. Auch manche Tauchpflanzen können in sehr unterschiedlichen Umwelten gedeihen. So kommt Quellmoose (*Fontinalis*) in sehr verschiedenen Gewässern vor. Das Tausendblatt (*Myriophyllum verticillatum*) gedeiht in kaltem wie in warmem Wasser gleich gut, wenn das Wasser nur klar ist.

Berücksichtigt man diese natürlichen Gegebenheiten, so wird klar, wo die

Schwierigkeiten beim Heimataquarium liegen: bei der Wassertemperatur und der Lichteinstrahlung. Normale Wohnungen, in denen die meisten Aquarien stehen, sind für Heimataquarien in der Regel ein bißchen zu warm. Die gleichmäßige Zimmertemperatur ist für ein Warmwasserbecken viel günstiger. Allerdings sollte man hier auf eine zusätzliche Heizung nicht verzichten. Aber es ist eben einfacher, ein Aquarium zu beheizen, als dafür zu sorgen, daß die Wassertemperatur nicht zu hoch ansteigt. Schließlich heizt ja auch die Aquarienleuchte ein Becken auf. Auch die Dauer der Lichteinstrahlung in den Tropen läßt sich im Aquarium einfacher nachahmen, weil der Taganteil gleichmäßiger bleibt als in unseren Breiten. So kommen tropische Tauchpflanzen mit einer Bestrahlungsdauer von 12 Stunden ganz gut aus. Wasserpflanzen aus den gemäßigten Zonen gedeihen besser, wenn wir die Beleuchtungsdauer den Jahreszeiten entsprechend abwandeln.
Um die genannten Schwierigkeiten beim Heimataquarium in den Griff zu bekommen, bieten sich verschiedene Lösungen an: Zunächst sollten wir das Aquarium in der kältesten Ecke eines Zimmers aufstellen. Auch ein Wohnzimmer ist ja nicht überall gleich warm. Zusätzlich können Außenfilter und Belüfter außerhalb der Wohnung installiert werden. Dann sorgen Luft und kühles Filterwasser dafür, daß die Wassertemperatur im Becken nicht allzu hoch ansteigt. Man muß freilich gegebenenfalls längere Verbindungsschläuche in Kauf nehmen und im Winter für Frostschutz sorgen.
Wenn wir den Abstand der Aquarienleuchte vom Wasserspiegel vergrößern, verlieren wir zwar etwas Licht, vermeiden aber, daß sich das Wasser aufheizt. Eine vorgefertigte Abdeckplatte mit eingebauter Leuchtröhre eignet sich also für ein Heimataquarium nicht besonders. Wie jeder Nachteil irgendwo aber auch eine positive Seite in sich birgt, so ist es auch hier. Der Abstand von der Leuchte zum Wasserspiegel bewirkt, daß Wasserdampf ins Zimmer entweichen kann. Dadurch wird die trockene Zimmerluft merklich feuchter und läßt sich besser atmen.

Kaltwasserfische in warmem Wasser?

Wer alle genannten Umstände für zu aufwendig hält, der muß trotzdem nicht auf die Pflege einheimischer Wassertiere verzichten. Denn viele der in diesem Buch beschriebenen Arten lassen sich recht gut bei Zimmertemperatur gesundhalten. Wir sollten aber nicht so weit gehen, Stichlinge und Guppies im gleichen Becken zu pflegen. Jeder Aquarianer müßte doch eigentlich so naturnah denken und planen, daß solche unnatürlichen Verhältnisse vermieden werden. Weder Stichlinge noch Guppies wären in solch einem Aquarium umweltgerecht untergebracht.
Manche Kaltwasserfische können sich in warmem Wasser nicht fortpflanzen. Ihre Geschlechtszellen reifen nämlich nur bei niedrigeren Temperaturen.

Technische Hilfen im Heimataquarium

Manche Aquarianer glauben, daß man bei einem Heimataquarium auf die beim Warmwasseraquarium fast schon selbstverständlich gewordenen technischen Einrichtungen wie Belüfter oder Filter verzichten kann. Doch dies ist in der Regel nicht der Fall. Bei allen Aquarien stellt sich mit der Zeit ein ökologisches Gleichgewicht ein, seien es nun Warm- oder Kaltwasserbecken. Diese Ausgewogenheit zwischen Pflanzen, Wassertieren und den unsichtbaren Mitgliedern der Lebensgemeinschaft, den Einzellern und Bakterien, hätte dann klares Wasser und gesunde Tiere und Pflanzen zur Folge. Man vergißt aber, daß sich ein solcher Idealzustand nur einstellen kann, wenn die Aquarien groß genug und mit sehr wenig Tieren besetzt sind. Manche Fische, die gerne im Bodengrund wühlen, wirbeln immer wieder größere Mengen Kies durcheinander. Schwebstoffe werden ins Wasser eingebracht, Pflanzen-Nährstoffe aus dem Boden herausgelöst. Als Folge entwickeln sich viele einzellige Algen, Bakterien vermehren sich, ebenso tierische Einzeller wie Glockentierchen und verschiedene Geißeltierchen. Das Wasser trübt sich. Da im Aquarium Kleinkrebse wie Wasserflöhe und Hüpferlinge, die in der Natur die Bakterien und Einzeller als Nahrung aufnehmen, natürlich fehlen, bleibt die Trübung oft lange Zeit erhalten. Es bleibt nichts übrig, als die wühlenden Fischarten zu entfernen oder ständig das Wasser zu filtern. Eine einmal bestehende Wassertrübung läßt sich oftmals nicht einmal mehr mit dem Filter beeinflussen, weil manche Einzeller so klein sind, daß sie die Filtermasse unangefochten passieren. Also von vornherein filtern, daß es gar nicht erst so weit kommt.

Das Balkonaquarium

Schließlich besteht auch die Möglichkeit, einheimische Wassertiere in einem Aquarium auf der Terrasse oder auf dem Balkon zu pflegen. Hier kommen die Temperatur und die Lichtverhältnisse den natürlichen Bedingungen am nächsten. In der kalten Jahreszeit hat man sogar die Möglichkeit, zu beobachten, wie sich die Wassertiere unter den Bedingungen von Eis und Schnee verhalten. Viele Arten halten durchaus nicht die Winterruhe ein, die ihnen in manchen Büchern nachgesagt wird. Freilich muß das Aquarium in Frostperioden ringsum durch Styroporplatten oder ähnliches Isolationsmaterial davor geschützt werden, daß sich eine zu dicke Eisdecke bildet. Bei ungeschützten Aquarien wächst die Eisschicht nicht nur von oben wie in natürlichen Gewässern. Das Eis bildet sich auch von den Seiten und eines Tages springt dann eine Aquarienscheibe. Geschieht dies nicht, so können immerhin einzelne Tiere im Eis eingeschlossen werden und darin festfrieren, was ihren Tod zur Folge hat. Nach meinen Erfahrungen können nur Wasserasseln und

Hüpferlinge nach dem Auftauen weiterleben, als sei nichts geschehen.

Im Sommer entwickeln sich unter den naturnahen Bedingungen des Balkons die Grünalgen besonders üppig. Doch mit Wasserschnecken, Scheibenreiniger und einem leistungsstarken Filter lassen sich die einzelligen Algen recht gut beherrschen. Fadenalgen müssen von Zeit zu Zeit mechanisch entfernt werden, zum Beispiel durch Aufwickeln an einem aufgerauhten Holzstück.

Heimataquarien in Einzelbildern

Versucht man, die heimischen Gewässer zu überblicken, so lassen sich vier unterschiedliche Lebensräume abgrenzen: die Meeresküsten und das Watt, die Fließgewässer, stehende Gewässer und Gewässer, die zeitweise austrocknen. Diese werden auch als Tümpel bezeichnet. Natürlich erfaßt eine so grobe Einteilung nicht alle Gewässer in unseren Breiten, aber sie erleichtert doch den Überblick. Besonders die Fließgewässer wurden schon sehr bald in Lebensbereiche verschiedener Fischarten eingeteilt, in die Gewässerregionen. An Fließgewässern fällt auch die Änderung im Charakter eines Flusses von der Quelle bis zur Mündung besonders auf: Die Breite des Flusses ändert sich, die Fließgeschwindigkeit, der Untergrund, die Klarheit des Wassers und seine Temperatur. Mit diesen abiotischen Bedingungen Hand in Hand geht eine Änderung der Lebensgemeinschaften. Im stillen Wasser des Tieflandstroms leben andere Fischarten als im Quellbach, dasselbe gilt für Kleinkrebse, Muscheln, Schnecken. Man hat die verschiedenen Regionen eines Fließgewässers nach den Fischen benannt, die in dem jeweiligen Flußabschnitt am häufigsten vorkommen. So unterscheidet man von der Quelle bis zur Mündung die Forellenregion, die Äschenregion, die Barbenregion, die Brassenregion und die Brackwasserregion (Bild 3). Manche stehenden Gewässer lassen sich nach den wichtigsten abiotischen Bedingungen den Regionen eines Fließgewässers zu-

Bild 3. Die Regionen eines Fließgewässers.

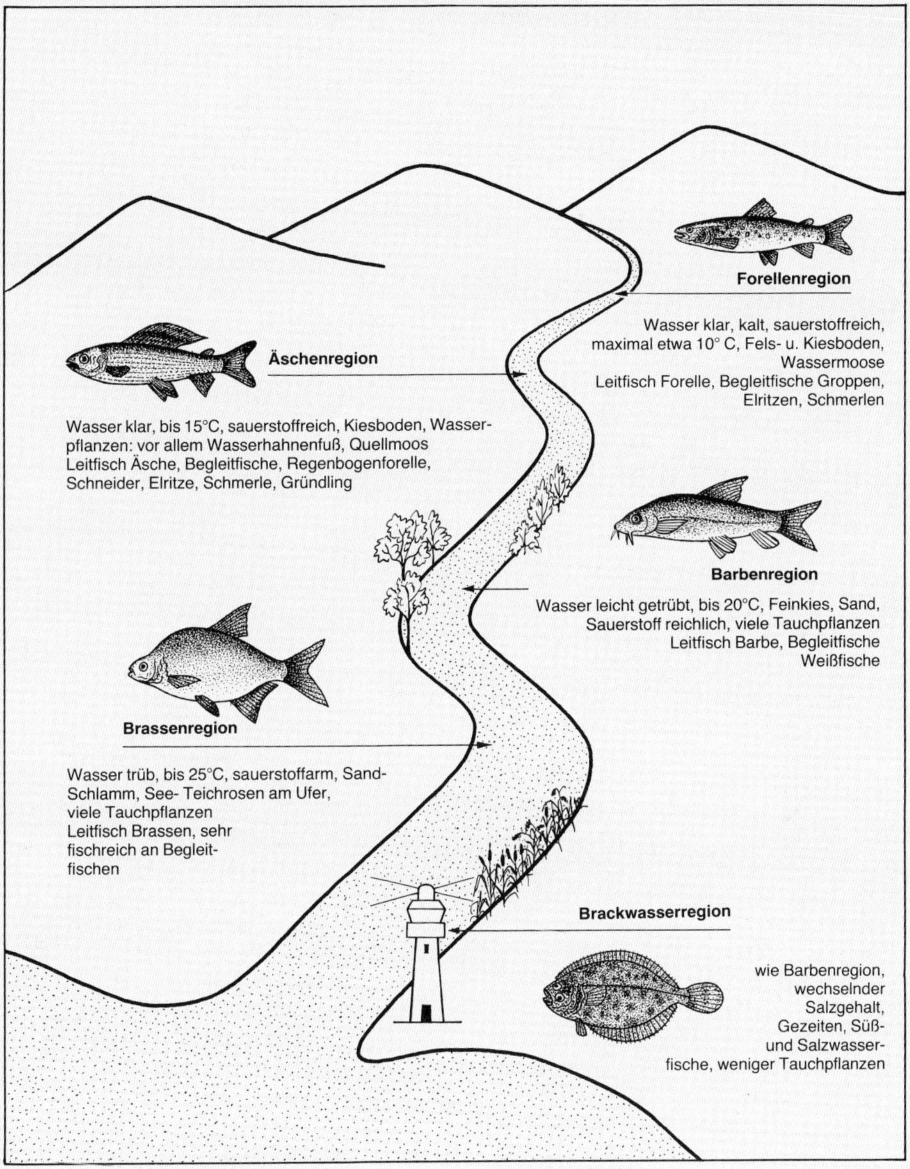
Forellenregion
Wasser klar, kalt, sauerstoffreich,
maximal etwa 10° C, Fels- u. Kiesboden,
Wassermoose
Leitfisch Forelle, Begleitfische Groppen,
Elritzen, Schmerlen
Äschenregion
Wasser klar, bis 15°C, sauerstoffreich, Kiesboden, Wasser-
pflanzen: vor allem Wasserhahnenfuß, Quellmoos
Leitfisch Äsche, Begleitfische, Regenbogenforelle,
Schneider, Elritze, Schmerle, Gründling
Barbenregion
Wasser leicht getrübt, bis 20°C, Feinkies, Sand,
Sauerstoff reichlich, viele Tauchpflanzen
Leitfisch Barbe, Begleitfische
Weißfische
Brassenregion
Wasser trüb, bis 25°C, sauerstoffarm, Sand-
Schlamm, See- Teichrosen am Ufer,
viele Tauchpflanzen
Leitfisch Brassen, sehr
fischreich an Begleit-
fischen
Brackwasserregion
wie Barbenregion,
wechselnder
Salzgehalt,
Gezeiten, Süß-
und Salzwasser-
fische, weniger Tauchpflanzen

ordnen, etwa die hochalpinen Seen zur Forellenregion, die Seen des Tieflandes zur Brassenregion. Auf den folgenden Seiten sollen einige charakteristische Gewässertypen mit ihren besonderen Lebensgemeinschaften dargestellt werden.

Ein Forellenbach

Das meist nur wenige Meter breite Gewässer hört man schon von ferne: rauschend beim Hochgebirgsbach, leise gluckernd oder murmelnd beim Forellenbach der Mittelgebirge oder der Tiefebene. Einzelne größere Steine ragen aus dem ziemlich schnell fließenden Bach. Flache Stellen wechseln ab mit tieferen ausgewaschenen Löchern im Bachbett, den Kolken oder Gumpen. An den Ufern lagert sich feiner Sand ab, sonst ist das Bachbett mit gröberen Steinen ausgefüllt: Sie sind je nach Härte rundgeschliffen oder, besonders in Sandsteingebieten, flach und ziegelähnlich ausgebildet. In der Strömung stehen Bachforellen und Regenbogenforellen. Die Regenbogenforellen wurden aus Amerika eingeführt und in der Forellenregion ausgesetzt. Zwischen den Wur-

Bild 4. Ein typischer Forellenbach (der Beutelsbach bei Schnait im Remstal). Aufnahme D. Schmidtke

Bild 5. Bachforelle (*Salmo trutta*). Als Jungfische eignen sich Forellen für das Heimataquarium.

zeln der Uferbäume, die ins Wasser ragen, spielen kleinere Schwarmfische. Es sind Elritzen, wichtige Beute der Forellen. Hebt man einen Stein vorsichtig auf, so flitzen andere Fische davon: Bodenfische, die sofort wieder nach einem Unterschlupf suchen. Oft sind es Groppen (*Cottus gobio*). Sie sind an ihrem dicken Kopf leicht zu erkennen. Bei den schlankeren und schnelleren Grundfischen, denen man auch begegnen kann, handelt es sich meist um Bartgrundeln (*Noemacheilus barbatulus*). Alle diese Fische dienen den Forellen als Nahrung, verfolgen ihrerseits aber wieder frisch geschlüpfte Forellen oder fressen deren Eier. Auf der Unterseite der Steine kriechen Flohkrebse und Larven von Steinfliegen rasch auf die Schattenseite des Steins. Sie fliehen die Helligkeit. Die meisten Tiere aber findet man in den dunkelgrünen Büscheln der Quellmoose (*Fontinalis*). Es handelt sich hauptsächlich um verschiedene Larven von Mücken. Alle diese Tiere stehen auf dem Speisezettel der Forellen. Wo der Bach etwas Abwasser aufnehmen muß, tritt an die Stelle der Quellmoose häufig die Zweigalge (*Cladophora*), gelegentlich auch der Flutende Hahnenfuß (*Ranunculus fluitans*). An den Ufern findet man oft dichte Bestände der Brunnenkresse oder der Bitterkresse, die ins Wasser hineinwachsen. Im Frühling blühen an stillen Buchten am Ufer in dichten Büscheln die Sumpfdotterblumen (*Caltha palustris*).

Das Forellenaquarium

Entsprechend den natürlichen Gegebenheiten eines Forellenbaches wechseln auf dem Boden des Aquariums größere Steine mit Kiesinseln ab. Wo dies möglich ist, verwenden wir Steine, auf denen sich die beiden wichtigsten Tauchpflanzen des Forellenbaches mit ihren Haftorganen festgesetzt haben: Quellmoose oder Zweigalgen. Die relativ starke Strömung läßt sich mit einem leistungsfähi-

gen Außenfilter erzeugen. Man muß dabei den Ausflußschlauch des Filters möglichst knapp unter der Wasseroberfläche anbringen. So kann eine beachtliche Strömung entstehen.
Die Quellmoos- und Algenbüschel ordnet man am besten so an, daß sie wie im Bach in der entstehenden Strömung fluten können. Es bilden sich so hinter den Büscheln Zonen schwächerer Wasserbewegung, die die Forellen gern als getarnte Ruheplätze benützen. Begleitfische die normalerweise im Forellenbach vorkommen, sollte man besser weglassen und später gelegentlich einmal allein im Aquarium pflegen. Sie würden sich nicht wohlfühlen, weil sie auf dem engen Raum des Aquariums ihren Freßfeinden, den Forellen, nicht ausweichen können. Da empfiehlt es sich eher, Bachforellen (*Salmo trutta*) mit ihren amerikanischen Verwandten, den Regenbogenforellen (*Salmo gairdneri*), im gleichen Becken zu halten. Allerdings sollten die Forellen jung und nicht sehr unterschiedlich groß sein. Sonst verschlingen sie sich gegenseitig. Auch Flußkrebse (*Astacus*) oder die heute in unseren Bächen häufigeren Amerikanerkrebse (*Cambarus affinis*) passen in ein Forellenbecken. Sie graben sich einen Unterstand unter einem großen Stein oder verstecken sich hinter Tauchpflanzen. Abends kriechen sie im Bekken umher und suchen Futter. Nur sehr selten vergreifen sie sich an einer Forelle. In der Natur fallen den Krebsen wohl meist kranke Fische zum Opfer.
Forellen wie Krebse begnügen sich mit Trockenfutter. Sie nehmen aber gern Lebendfutter an: Wasserflöhe, Hüpferlinge, Flohkrebse, kleine Regenwürmer, Heuschrecken, Fliegen bereichern ihren Speisezettel. Forellen steigen bald schon beim Erscheinen des Pflegers zur Wasseroberfläche auf, um das Futter in Empfang zu nehmen. Da sie dabei gerne springen, sollte ein Forellenbecken mit einer Glasscheibe abgedeckt werden.
Bei guter Pflege wachsen die Forellen

Bild 6. Die Regenbogenforelle (*Salmo gairdneri*) stammt aus Nordamerika.

Bild 7. Flußkrebse lassen sich im Forellenaquarium gut halten. Aufnahme B. Kahl

schnell und werden bald zu groß für das Becken. Wir sollten sie jetzt zurücksetzen oder an die Fischzuchtanstalt zurückgeben, von der junge Forellen am billigsten zu erhalten sind. Ohne das Becken zu verändern, können wir jetzt die anderen Tiere pflegen, die in einem Forellenbach vorkommen.

Elritzen im Aquarium

Durch die verbreitete Wasserverschmutzung sind Elritzen (*Phoxinus phoxinus*) selten geworden. Auch in sauberen Bächen kommen sie oft nicht mehr vor. Angler setzen alljährlich Tausende von Jungforellen in die Bäche ein. Um die Elritzen kümmert sich niemand. Sie können ja nicht wieder als Nutzfische gefangen werden und haben für Angler höchstens als Köderfische Bedeutung. Aus diesem Grunde sollten wir uns der einheimischen Kleinfische annehmen, wie wir uns überhaupt besonders um die Arten kümmern sollten, die keinen wirtschaftlichen Nutzen abwerfen und deshalb vernachlässigt werden.

In Zoogeschäften werden Elritzen kaum einmal angeboten, obwohl sie früher dort für wenig Geld zu haben waren. Wir finden Elritzen noch häufig in den österreichischen und bayrischen Bergseen. Hier kann man sie sich von Anglern schenken lassen oder mit einem Handnetz fangen. Den Transport im Auto halten die kleinen Fische recht gut aus, wenn das Wasser einigermaßen kühl gehalten und alle 2-3 Stunden mit einer Sauerstofftablette aufgefrischt wird. Elritzen vertragen nämlich auch höhere Temperaturen und können sich auch an Wasser mit geringerem Sauerstoffgehalt gewöhnen. Gelegentlich findet man einige Elritzenschwärme in schmalen Wiesengräben. In solchen Rückzugsgebieten, die zufällig von der Wasserverschmutzung nicht erreicht wurden, können sich kleinere Elritzenpopulationen lange halten. Verbessert sich die Wasserqualität der größeren Bäche oder der Flüsse, in die solche Wiesengräben münden, so wandern die Elritzen wieder in den Fluß ein, aus dem sie vertrieben wurden.

Im Aquarium springen Elritzen noch häufiger als die Forellen über die Wasseroberfläche hinaus, da sie in der Natur den Insekten nachjagen, die dicht über der Wasseroberfläche fliegen. Neben dieser Anflugnahrung fressen Elritzen Kleinkrebse, Mückenlarven und ver-

Bild 8. Elritzen (*Phoxinus phoxinus*) findet man gelegentlich in schmalen Wiesengräben. Aufnahme B. Kahl

schmähen sogar die Wasserasseln nicht. Trockenfutter nehmen sie ohne weiteres an. Sie werden dabei so zahm, daß sie schon aufgeregt auf den Platz zuschwimmen, wo gewöhnlich das Futter gereicht wird, wenn sich der Pfleger dem Becken nähert. Wegen ihrer großen Lernfähigkeit werden Elritzen immer wieder von Biologen als Versuchstiere gehalten.

Je nach Klima und Höhenlage kommen die Elritzen zwischen April und Juni in die Laichzeit. Bei Männchen und Weibchen bildet sich am Kopf der Laichausschlag: feine weißliche Körnchen, die Unkundige mit der Pünktchenseuche (*Ichthyophthirius*) verwechseln könnten. Schon vorher verfärbt sich das Männchen. Der Rücken wird dunkler, der goldene Glanz entlang der Seitenlinie tritt stärker hervor, der Bauch wird orangerot. Oft kommen noch grüne Farbtupfer und weiße Flossenspitzen hinzu, so daß das Männchen kaum wiederzuerkennen ist. Kurz nachdem das Hochzeitskleid ausgebildet ist, hat auch der Bauchumfang der Weibchen merklich zugenommen. Auch die Farben der Weibchen werden kräftiger. Sie erreichen jedoch nicht die Leuchtkraft des Hochzeitskleids der Elritzenmännchen.

Elritzen laichen in ihren Heimatgewässern an flachen Kiesufern. Deshalb begünstigt ein niedriger Wasserstand von etwa 20 Zentimetern die Bereitschaft, die Eier abzulegen. Sie werden, meist bei Sonnenaufgang, vom Weibchen ausgestoßen, und das Männchen befruchtet sie im Wasser. An Wasserpflanzen, auf Kies oder an Steinen festgeklebt, entwickeln sich die befruchteten Eier rasch zu etwa 5 mm langen Jungfischchen. Diese ernähren sich in der Natur von Einzellern, im Aquarium nehmen sie auch feines Aufzuchtfutter als Nahrung an. Sie wachsen allerdings besser, wenn man gelegentlich einige Tropfen Wasser ins Becken bringt, in dem man vorher Tauchpflanzen aus Teichen oder Wiesengräben ausgewaschen hat. Dieses Wasser enthält viele einzellige Pflanzen und Tiere. Ziemlich rasch gehen die jungen Elritzen zu gröberer Kost über. Die Elterntiere kümmern sich nicht um sie, sie betreiben keinerlei Brutpflege. In kleinen Becken oder bei zu geringer Fütterung hat man schon beobachtet, daß die erwachsenen Elritzen ihren Jungen nachstellen. Dies ist jedoch die Ausnahme, nicht die Regel.

Wer Elritzen züchten will, darf natürlich keine Tiere im Aquarium lassen, die den Zuchterfolg beeinträchtigen könnten. Der enge Raum eines Aquariums ist nun einmal mit den Verhältnissen in der freien Natur nur bedingt zu vergleichen. Im offenen Gewässer sind Verluste durch natürliche Feinde von jeder Art sozusagen einkalkuliert. Der weite Raum eines Baches oder eines Wiesengrabens bietet immer noch genügend Versteckmöglichkeiten für Jungtiere. Die Art bleibt erhalten, wenn auch die Verluste groß sind. So haben nach Schätzungen nur 1% der Jungfische die Chance, geschlechtsreif zu werden. In dem begrenzten Raum eines Aquariums kann ein Zuchtversuch völlig danebengehen, wenn man versucht, eine naturnahe Lebensgemeinschaft neben den Tieren bestehen zu lassen, die man züchten will. Andererseits erhält man durch das Ausschalten der natürlichen Feinde

im Aquarium eine viel höhere Zahl lebensfähiger Jungtiere, die man in verödeten Gewässern aussetzen kann. In diesem Falle ist Heimtierhaltung tatsächlich Artenschutz.
Sieht man von den besonderen Umständen ab, die sich durch Zuchtversuche ergeben, so sollte man dennoch außerhalb der Zuchtzeiten immer wieder versuchen, im Aquarium möglichst viele Tierarten einzusetzen, die auch in ihrem Heimatgewässer nebeneinander vorkommen. Man gewinnt dadurch Einblicke in das Gefüge solcher Lebensgemeinschaften. Beziehungen der Tiere untereinander lassen sich beobachten, die unter den Bedingungen der freien Natur nicht so einfach festzustellen sind.

Feuersalamander und ihre Larven

Die Umgebung kühler Bergbäche in waldreichen Mittelgebirgen oder im Hügelland bewohnt der Feuersalamander (*Salamandra salamandra*). Wie Frosch und Molch ist er als Feuchtlufttier von Stellen mit hoher Luftfeuchtigkeit abhängig. Feuersalamander können sich in solchen Gebieten recht weit von ihrem Heimatbach entfernen. Für die Aufzucht der Larven allerdings müssen sie wie fast alle Lurche zu ihrem Heimatgewässer zurückkehren. Dort legt das befruchtete Salamanderweibchen ins flache Uferwasser seine Eier ab. Diese haben sich im Mutterleib bereits so weit entwickelt, daß die pergamentartigen Eischalen und die Larven gleichzeitig geboren werden. Die Larven schlüpfen also bereits im Mutterleib aus den Eiern. Kurz nach der Geburt verkriechen sich die Salamanderlarven unter Steinen. Dort gleichen sie sich in der Färbung dem Untergrund ihres Heimatbaches an. Diese Schutzfärbung verhindert, daß zu viele Larven von den eigenen Elterntieren und von den zahlreichen natürlichen Feinden aufgefressen werden. Wir nehmen einige Salamanderlarven mit, um ihre Verwandlung zum ausgefärbten Salamander zu beobachten. Die Salamanderlarven nehmen durch ihre großen büschelartigen Außenkiemen den notwendigen Sauerstoff direkt aus dem Wasser auf. Da kaltes Wasser mehr gelösten Sauerstoff enthält als warmes, sollte man das Transportgefäß kühl halten. Sonst bietet der Transport keine Schwierigkeiten. Vergessen wir nicht, einige Kleintiere mitzunehmen, die wir in dem Bach finden, in dem wir die Salamanderlarven entdeckt haben. Da wimmelt es oft von Flohkrebsen, Mückenlarven und den Larven der Köcherfliegen. Auch einige flache Steine sollten wir nicht vergessen. Ihr Überzug aus Algen, Einzellern und Gehäusen mit Mückenlarven bleibt am Leben, wenn wir die Steine nur feucht halten. Alle diese Einzelfunde tragen dazu bei, den Aufenthalt unserer Salamanderlarven im Aquarium so naturnah wie möglich zu gestalten.
Beim Forellenaquarium genügt es, den Wasserstand auf etwa 20 cm zu senken, die Krebse und Fische zu entfernen und aus den mitgebrachten Steinen entweder eine Insel mit flachen Ufern oder einen sanft ansteigenden Strand zu bauen. Salamander verlassen ja nach der Verwandlung das Wasser und atmen dann durch Lungen. Filter und Belüftung

Bild 9. Larven des Feuersalamanders, kurz vor der Umwandlung. Aufnahme B. Kahl

kann man ruhig abschalten. Es genügt, von Zeit zu Zeit mit dem Schlammheber Reste abzusaugen, die sich ansammeln und Frischwasser nachzufüllen. Wer eine Filterung beibehalten will, sollte die Strömung vermindern. Salamanderlarven lieben ruhiges, flaches Wasser. Hier lauern sie geduldig auf Beutetiere. Im Bach sind dies meist Mückenlarven und kleine Flohkrebse. Im Aquarium nehmen die Salamanderlarven auch gern andere lebende Futtertiere an: *Tubifex*, Wasserflöhe oder Hüpferlinge. Nur Trockenfutter beachten sie nicht. Sie interessieren sich nur für Objekte, die sich bewegen. Sind diese größer als sie, so er-

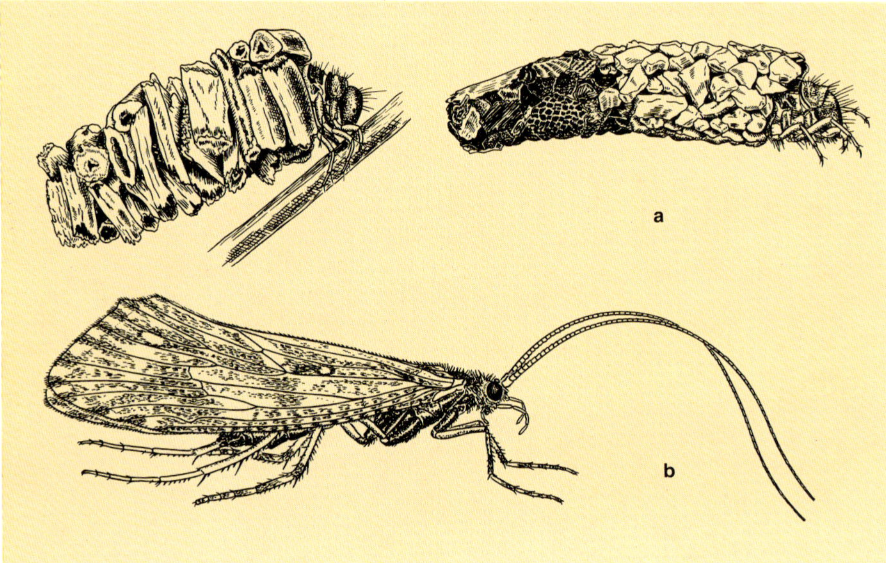

Bild 10. **a** Larven von zwei Köcherfliegen-Arten. **b** Vollinsekt.

greifen die Larven die Flucht, sind sie kleiner, dann werden sie als Beute angesehen.

Die bei der Geburt knapp zwei Zentimeter langen Larven wachsen relativ schnell. Man muß aber dennoch Geduld haben, will man die Verwandlung zum schwarzgelben Feuersalamander beobachten. Es kann Herbst werden, bis bei den im Mai gefangenen Larven die Außenkiemen kleiner werden. Sind sie ganz verschwunden, dann stellt sich auch die Salamanderfärbung ein. Die jungen Salamander verlassen nun das Wasser und müssen an ihren Heimatbach zurückgebracht werden. Gelegentlich findet man Salamanderlarven, die sich erst im nächsten Frühling zum Feuersalamander umwandeln. Die Entwicklung der Larven hängt von der Wassertemperatur ab. Wärmeres Wasser beschleunigt ihr Wachstum, kälteres bremst es. Gar nicht so selten findet man bei Salamandern und Molchen Riesenlarven, die ihre Außenkiemen behalten und sich nicht zu erwachsenen Tieren umwandeln, obwohl sie viel größer sind als normale Larven. Hier scheint eine hormonelle Störung vorzuliegen.

Die Entwicklung bleibt auch bei den mitgefangenen Tieren nicht stehen. Die Larven der Köcherfliegen weiden den Algenbelag der Steine ab. Nur ihr Kopf mit den starken Kieferzangen ragt aus dem Köcher hervor. Dieser verbirgt Brust und Hinterleib. Die Larven haben ihn aus eigener Spinnseide gewebt und mit kleinen Steinchen oder Holzstückchen belegt. Wird der Köcher zu klein, so verlassen sie ihn, häuten sich und bauen sich einen größeren. Eines Tages stellen die Köcherfliegenlarven die Nahrungsaufnahme ein und verpuppen sich in einem Puppenköcher, den sie an der Unterseite von Steinen anheften. Oft hängen viele Puppenköcher dicht nebeneinander. Im Sommer schlüpft aus dem Köcher das fertige Insekt, je nach Art ein 0,5 bis 4 cm großes Tier. An seinen dachförmig zusammengelegten Flügeln und den langen Fühlern ist es leicht zu erkennen. In der Abenddämmerung fliegen die Köcherfliegen auf, um einen Geschlechtspartner zur Paarung zu suchen. Die Eier werden von den befruchteten Weibchen in kleinen Eipaketen ins Wasser oder in dessen Nähe abgelegt. Bald darauf sterben die Köcherfliegen.

Wasserasseln treffen wir viel häufiger in freien Gewässern an als Flohkrebse. Während Bachflohkrebse schon bei einem Sauerstoffgehalt unter 4 mg/l absterben, halten es die Wasserasseln noch in Gewässern aus, in denen der Sauerstoffgehalt bis zwei Milligramm pro Liter absinkt. Kritisch bis stark belastete Flüsse (Güteklasse II bis III) können also noch von Wasserasseln besiedelt werden. Dabei spielt der Kalkgehalt des Wassers für die Asseln keine so lebenswichtige Rolle wie bei den Flohkrebsen. Kein Wunder, daß es in belasteten Gewässern oft von Wasserasseln nur so wimmelt. Denn der schwankende und oft geringe Sauerstoffgehalt verhindert zusammen mit der Belastung durch Schadstoffe, daß Freßfeinde der Asseln

Bild 11. Flohkrebse (links) sind ein begehrtes Fischfutter, Wasserasseln werden seltener gefressen.

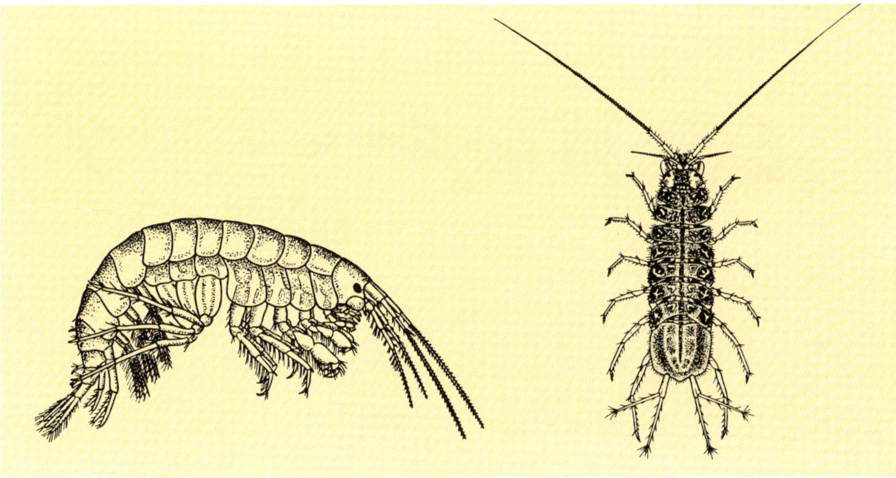

wie Fische oder Krebse allzu häufig werden. In stark verschmutztem Wasser wird aber auch für die Wasserasseln das Überleben zum Problem. So geht hier die Anzahl der Tiere trotz reichlichen Nahrungsangebots zurück. Wo sie sich aber behaupten können, leisten die Wasserasseln einen erheblichen Beitrag zur Entgiftung unserer Gewässer: Sie fressen viele verwesende Stoffe, die im Wasser treiben und entnehmen ihnen bei ihrem Stoffwechsel alles, was sie zum Leben brauchen. Was die Asseln ausscheiden, ist weniger fäulnisfähig als die Stoffe, die sie fressen. Manche Ausscheidungen der Wasserasseln können von Wasserpflanzen als Dünger aufgenommen werden, andere werden von Bakterien und Einzellern vollends abgebaut. So wird das Wasser dank der Lebenstätigkeit der Asseln geklärt. Auch im Aquarium vertilgen Wasserasseln faulende Reste.

Flohkrebse sind an ihrer eigenartig gekrümmten Form und ihrer seitlichen Rutsch- und Schwimmbewegung leicht zu erkennen. Sie überleben im Aquarium nur, wenn das Wasser kalkhaltig ist. Dann vermehren sie sich sogar. Die Jungkrebse ähneln weitgehend den Elterntieren. Haben sich die Flohkrebse in einem Aquarium erst einmal eingelebt, dann machen sie sich durch das Vertilgen von abgestorbenen Pflanzenresten und toten Tieren sehr nützlich. Selbst ein toter Vogel, etwa eine Amsel, wird in einem Gewässer mit Flohkrebsen so sauber abgenagt, daß an den unbeschädigten Knochen keine Fleischreste mehr zu finden sind.

Groppen und Schmerlen

Zu den Tieren der Forellenregion, die man im Aquarium pflegen kann, gehören auch zwei Grundfische, die durch die Umweltverschmutzung mancherorts recht selten geworden sind. Während man die durchschnittlich etwa 10 cm langen Schmerlen oder Bartgrundeln (*Noemacheilus barbatulus*) recht gut mit anderen Fischen zusammen im Aquarium halten kann, ist dies bei den etwa gleich großen, aber wuchtiger gebauten Groppen oder Mühlkoppen (*Cottus gobio*) schlecht möglich. Die Schmerlen begnügen sich mit dem üblichen Lebendfutter. Mühlkoppen dagegen sieht man es schon an ihrem unförmigen Kopf mit dem vergleichsweise riesigen, tiefgespalteten Maul an, daß sie mit solcher Kleintierkost allein nicht zufrieden sind. Diese von den Anglern in Forellengewässern gar nicht geschätzten Raubfische können gut und gern eine Forelle verschlingen, die so groß ist, wie sie selbst. Dabei hängt oft der Schwanz des Opfers stundenlang aus dem Groppenmaul heraus, bis das Vorderteil verdaut ist.

Groppen zeigen keine Scheu und verfahren im Aquarium mit ihren Mitbewohnern wie im Forellenbach. Für sich gehalten bieten sie im Heimataquarium aber doch Gelegenheit zu interessanten Beobachtungen. Sie lassen sich im Aquarium lange Zeit gesund erhalten. Das Wasser muß allerdings kühl sein, gefiltert werden und relativ viel Sauerstoff enthalten. Hat man dann noch genügend kleine Fische zur Verfügung, dann können sich Groppen sogar im Aquarium fortpflanzen. Dazu baut das Weibchen

Bild 12. Schmerlen oder Bartgrundeln (*Noemacheilus barbatulus*) lassen sich gut mit anderen Fischen zusammen halten. Aufnahme B. Kahl

Bild 13. Die Groppe oder Mühlkoppe (*Cottus gobio*) ist ein gefräßiger Räuber. Aufnahme B. Kahl

eine kleine Laichgrube. Meist allerdings werden die Eier einfach auf dem Kies abgelegt, oft im Schutz eines größeren Steins. Das Männchen besamt die Eier und bewacht sie dann, bis die Jungen ausschlüpfen. Dabei rutscht es aufgeregt um das Gelege herum und stellt drohend die Flossen auf, wenn sich ein Feind nähert. Richtig schwimmen können diese Grundfische nämlich nicht, da sie keine Schwimmblasen besitzen. Wenn man den jungen Groppen genügend Kleinkrebse anbieten kann, wachsen sie relativ schnell heran. Die ersten 10-12 Tage können sie sich noch aus dem großen Dottersack ernähren, der die Jungtiere anfangs sogar am Schwimmen hindert. Sobald der Pflegetrieb des Männchens nachläßt, bringen sich die jungen Groppen im Bach in Sicherheit, indem sie sich zerstreuen. Im Aquarium fängt man jetzt am besten die Elterntiere heraus. Trotz ihrer interessanten Brutpflege wird man Groppen nur selten im Aquarium zu sehen bekommen. Da sie kein Trockenfutter annehmen, ist ihre Pflege

oder gar die Aufzucht der Jungen doch nicht so einfach.
Schmerlen pflegt man am besten in einem Uferaquarium. Denn auch in ihrer natürlichen Umgebung bevorzugen diese dämmerungsaktiven Grundfische flaches Wasser. Leichte Strömung und Stellen, an denen Sand, Kies und größere Steine Versteckmöglichkeiten bieten, sagen den Schmerlen besonders zu. Entsprechend richten wir das Aquarium ein. Für die Bepflanzung eignen sich Tauchpflanzen, die in kühlen Bächen vorkommen, also das Quellmoos *Fontinalis* oder auch die verschiedenen Arten des Wasserhahnenfußes.
Filterung ist für das Wohlbefinden der Schmerlen nicht unbedingt notwendig, denn eine schwache Wasserströmung kann auch von einem kräftigen Ausströmer erzeugt werden.
Wer Schmerlen züchten will, braucht Männchen und Weibchen nicht unbedingt unterscheiden zu können. Bei vier bis fünf gefangenen ausgewachsenen Schmerlen sind fast sicher Vertreter beider Geschlechter dabei. Von dieser Faustregel kann man auch bei anderen Fischarten ausgehen, die so wenig auffallende Geschlechtsunterschiede aufweisen wie die Schmerlen. Wer es genau wissen will: Die Männchen sind schlanker und kleiner als die Weibchen, besitzen längere Brustflossen und eine Verstärkung des zweiten Brustflossenstrahls.
Die klebrigen, etwa stecknadelkopfgroßen Eier werden an Steinen abgelegt und gelegentlich vom Männchen bewacht. Nach einer Woche schlüpfen die Jungfische. Sie ernähren sich von Planktonorganismen und nehmen schon nach etwa 14 Tagen kleine Wasserflöhe oder Hüpferlinge an. Zunächst jagen junge Schmerlen tagsüber, bis sie im Alter von zwei Monaten allmählich zur Lebensweise ihrer Eltern übergehen.

Das Leben im Wiesengraben

Will man Wiesengräben finden, so empfiehlt es sich, eine Wanderung über Wiesen zu unternehmen, wenn das Gras nicht gerade hoch steht. Schwierigkeiten mit den Landwirten, die sich ihre Wiese gar nicht gern zertrampeln lassen, treten dann nicht auf.
Ist der Wiesengraben in seinem Verlauf erst einmal ausgekundschaftet, dann kennt man die Stellen, die sich auch aufsuchen lassen, wenn die Wiesen ihren Hochstand erreicht haben: kleine Brükken, Wiesenwege, an denen der Graben entlangführt oder Fußpfade am Wasser. Fast zu jeder Jahreszeit blüht es am Ufer der Wiesengräben. Im Frühling setzen die Sumpfdotterblumen gelbe Tupfer in die noch kahle Wiese, im Sommer leuchten die weinroten Kerzen des Blutweiderichs, die gelben Blüten der Wasserschwertlilien und die weißen, stark duftenden Blütenstände der Wiesenkönigin. Sie werden beim Mähen kaum beschädigt, da sie so nahe am Wasser wachsen, daß die Mähmaschine nicht nahe genug hinkommt. Noch reichhaltiger als am Ufer breiten sich in den klaren, oft kaum einen Meter breiten und seichten

Wiesengräben die Wasserpflanzen aus. Oft sieht man vor lauter durcheinander wuchernden Büscheln der Bachbunge oder der Brunnenkresse das Wasser nicht mehr. Neben diesen Pflanzen, die über den Wasserspiegel hinauswachsen, breiten sich Bänke von Tauchpflanzen aus: Armleuchteralgen, Wasserpest, Frühlingswasserstern und viele andere. Nur an wenigen Stellen wird der Boden des Wiesengrabens sichtbar. Er besteht meist aus weichem Material, aus Lehm, Ton oder Sand, je nach der Landschaft, zu der eine solche Wiese gehört. Steine findet man selten in Wiesengräben. Die Wasserströmung ist schwach, oft fehlt sie

Bild 14. Uferabschnitt eines Wiesengrabens im Frühling mit Scharbockskraut und Sumpfdotterblumen. Aufnahme D. Schmidtke

scheinbar ganz, ein idealer Lebensraum für unzählige Pflanzen, von denen einige schon recht selten geworden sind.
Ab und zu läßt sich ein Tier blicken, kurz nur, dann ist es zwischen den vielen Tauchpflanzenbüscheln verschwunden. Erst wenn wir die Wasserpflanzen vorsichtig mit dem Kescher durchstreifen, merken wir am Fang, was für eine reiche und vielfältige Tierwelt gerade diese Wiesengräben aufweisen können. Elrit-

zen suchen solche Gräben oft zum Laichen auf, Stichlinge bauen zwischen den Tauchpflanzen ihre Nester. Gelegentlich geht sogar einer der so selten gewordenen Schlammpeitzger ins Netz. Andere Wiesengräben beherbergen die zarten Moderlieschen. Im Frühling suchen Grasfrösche, Erdkröten und Teichmolche solche Gräben auf, um ihren Laich abzulegen. Wasserschnecken besiedeln in vielen Arten den Graben, Bachflohkrebse und Wasserasseln kriechen auf dem Boden umher, und die Larven der Köcherfliegen haben es in dem stillen Wasser nicht nötig, ihren Seideköcher mit Steinchen zu beschweren. Sie schleppen statt dessen Pflanzenteile mit sich herum, die sie am Köcher zur Tarnung befestigt haben. Gar nicht so selten geht auch einmal eines der wehrhaften Insekten ins Netz, etwa ein Gelbrandkäfer oder die Larve einer Libelle. Auf der stillen Wasseroberfläche ziehen die kleinen Taumelkäfer ihre Kreise.

Nur sehr mutige Aquarianer, die Tiere aus Wiesengräben in ihrem Aquarium beobachten wollen, werden als Bodengrund das Material wählen, das sie im Wiesengraben vorfinden, nämlich Lehm oder Ton. Die Tauchpflanzen wachsen da zwar prächtig, aber das Aquarium ist doch sehr schwer sauber zu halten. Jedes Versetzen einer Pflanze wirbelt Wolken von feinem Material auf, und einige Fische sorgen schon dafür, daß das Becken nicht so ohne weiteres klar bleibt. Denn im Wiesengraben filtern die Pflanzen die entstehenden Trübungen heraus. Die schwache Strömung verteilt die Schmutzwolken. Und die Siedlungsdichte ist im Wiesengraben immer noch weitaus geringer als im Aquarium. Am besten verwendet man eine der üblichen Kiesmischungen, vielleicht auch etwas Sand. Die Pflanzen sollte man so auswählen, daß Tauchpflanzen mit solchen Wasserpflanzen abwechseln, die über den Wasserspiegel hinauswachsen können. Da der Wasserstand den in einem Wiesengraben nicht überschreiten sollte, bleibt für solche Pflanzen genügend Raum unter der Abdeckplatte oder der Leuchte. Einige Tiere, die räuberisch leben, können nur für sich allein beobachtet und gepflegt werden. Sie würden sonst über die Mitbewohner herfallen und sie in dem begrenzten Raum des Aquariums mit Sicherheit ausrotten. Besonders gefährlich sind in diesem Sinne der Gelbrandkäfer und seine Larve und die Larven der Libellen. Auch die verschiedenen Wasserwanzen sollte man lieber von einem Gesellschaftsbecken ausschließen. Die meisten anderen Tiere lassen sich problemlos miteinander pflegen.

Fische im Wiesengraben

Stichlinge (Gasterosteus aculeatus)
Wo die durchschnittlich 6 Zentimeter langen Stichlinge erträgliche Lebensbedingungen antreffen, treten sie in größerer Anzahl auf. Sie leben in Wiesengräben, in Stauseen, in langsam fließenden Flüssen ebenso wie in den Teichen der Parkanlagen oder im salzigen Wasser der Meeresküsten. An der Anzahl und Anordnung der Knochenplatten, die auf der schuppenlosen Haut verteilt sind, lassen sich drei Unterarten unterscheiden.

Bild 15. Dreistachliger Stichling (*Gasterosteus aculeatus*), Männchen im Hochzeitskleid. Aufnahme B. Kahl

Während die Stichlinge im Binnengewässer recht standorttreu sind, wandern die Meeresstichlinge in die küstennahen Binnengewässer ein. Oft tauchen sie in großen Mengen in den Häfen auf.
Je nach Höhenlage beginnen sich von März bis Mai die Stichlingsmännchen, die sonst in der Farbe den silbrig und olivgrün schimmernden Weibchen gleichen, umzufärben. Mit ihren großen türkisblau schimmernden Augen, dem ins Grünliche spielenden Rücken und dem roten Fleck zwischen Kehle und Bauch stehen sie in der Farbenpracht tropischen Zierfischen bestimmt nicht nach. Auch die Stichlingsweibchen verändern sich. Die olivgrünen Farbtöne des Rückens werden kräftiger, der Silberglanz der Bauchseite verstärkt sich. Gleichzeitig schwillt der Bauch an, da die Eier zu reifen beginnen. Wir fangen jetzt alle Männchen bis auf das farbenprächtigste aus dem Aquarium heraus, weil sich die Männchen jetzt ein Revier abgrenzen. Mehrere Männchen erschöpfen sich oft in Revierkämpfen, so daß eine erfolgreiche Paarung und Brutpflege unterbleibt. Da Stichlingsmännchen nicht in Einehe leben, sondern sich einen Harem zule-

gen, müssen wir ihnen schon zwei bis drei laichbereite Weibchen lassen.
Schon mit dem Beginn der Verfärbung, die bei den Männchen von Geschlechtshormonen ausgelöst wird, grenzen sich diese ein Revier ab. Jedes Revier hat einen Durchmesser von etwa 30 Zentimetern. Auffällige Steine, Wurzelteile oder Wasserpflanzen dienen als Grenzsteine. Alles, was sich im Revier bewegt, wird von nun an angegriffen und mit kräftigen Nasenstübern vertrieben, sogar Fische, die größer sind als der Revierinhaber. Selbst die Luftblasen des Ausströmers attakiert das Männchen, gelegentlich auch sein eigenes Spiegelbild. Zwischen den Verteidigungsanstrengungen beginnt der Stichling an einer geschützten Stelle ein Bodennest zu bauen. Pflanzenteile werden zusammengetragen und mit einem wasserfesten Klebstoff zusammengeheftet. Oft sieht ein solches Stichlingsnest wie ein flacher, zufällig von der Strömung zusammengetragener Haufen von Pflanzenresten aus, eine vorzügliche Tarnung. Hat das Nest etwa den Umfang eines Fünfmarkstücks erreicht, beginnt das Männchen, einen Tunnel durch das Nest zu bohren. Auch jetzt wieder verklebt es die Ränder der Tunnelröhre mit seinem Nierensekret, so daß die Röhre relativ stabil bleibt. Dann ist das Nest fertig, und die Weibchen können die Eier ablegen. Hat das Stichlingsmännchen erst das Revier verteidigt, sich dann als Baumeister betätigt, so muß es jetzt tanzen. In Zickzacksprüngen nähert es sich einem Weibchen. Dieses läßt sich durch den Tanz meist sofort zum Nest locken. Es schlüpft in den Tunnel und verharrt dort, legt aber keine Eier ab. Erst wenn das Stichlingsmännchen, vom silbrig glänzenden Bauch des Weibchens unwiderstehlich angezogen, diesen mit der Spitze seines Mauls berührt, gibt das Weibchen den Laich frei. Zickzacksprünge, die Hochzeitsfarben und das Berühren des Bauchs sind Reize, denen sich das Stichlingsweibchen nicht entziehen kann. Es muß mit bestimmten Reaktionen antworten, dem Männchen zum Nest folgen, hineinschlüpfen, die Eier ablegen. Solche Reize, die beim anderen Geschlecht bestimmte Reaktionen auslösen, nennen die Verhaltensforscher Schlüsselreize. Reiz und Antwort passen zueinander wie ein Schlüssel zum Schloß.
Hat das Weibchen die Eier abgelegt, so werden diese vom Männchen sofort befruchtet. Es schwimmt über den Laich hinweg und stößt seinen Samen aus. Das Weibchen hat inzwischen das Nest verlassen. Oft hat es die Eier vor das Nest gelegt, und das Männchen ist nach der Befruchtung minutenlang beschäftigt, Ei für Ei mit dem Maul aufzunehmen und ins Nest zu befördern. Nach dieser Arbeit ruht es sich nicht etwa aus, sondern tanzt seinen Werbetanz einem anderen Weibchen vor, bis auch dieses seinen Laich ins gleiche Nest gelegt hat. Auf diese Weise findet man oft mehrere hundert Eier in einem Stichlingsnest.
Haben zwei bis drei Weibchen ihre Eier abgelegt, so wird das Männchen vom Haremswächter zum Einsiedler. Alle Weibchen werden vertrieben, die es wagen, dem Nest zu nahe zu kommen. Das Männchen bewacht die Eier, fächelt ihnen mit der Schwanzflosse sauerstoffreiches Wasser zu und bohrt von Zeit zu

Zeit weitere Löcher ins Nest, damit die Eier von dem Wasserstrom auch besser getroffen werden, den das Männchen mit seiner Schwanzflosse erzeugt. Nach wie vor darf kein anderes Tier in die Nähe des Nests. Auch die Weibchen werden vertrieben. Wenn nach etwa 10 bis 14 Tagen die Jungen aus den Eiern schlüpfen, sind sie kaum 6 mm groß. In den ersten Stunden fallen sie oft aus dem Nest und werden mit dem Maul vom Männchen in die Kinderstube zurückbefördert.

Nach wenigen Tagen schon sind die jungen Stichlinge sichere Schwimmer, und der Vater hat alle Mühe, seine 50 bis 100 Jungen in der Nähe des Nests zu halten. Bei der Nahrungsaufnahme verhalten sich die kleinen Stichlinge schon wie die Alten. Den Schwanz in typischer Stichlingshaltung etwas einwärts gebogen, stehen sie ruhig im Wasser und beobachten ein für uns unsichtbares Beutetier. Nur die Brustflossen bewegen sich. Plötzlich schwimmen sie etwas näher und packen zu.

So futtern die Jungstichlinge Einzeller und Larven von Hüpferlingen oder ganz kleine Wasserflöhe in sich hinein. Sie wachsen zusehends und zeigen schon eine für junge Stichlinge typische Zebrafärbung auf dem Rücken: schwärzliche und graue Streifen. Die Ausflüge werden bald immer weiter ausgedehnt, so daß der Stichlingsvater bald den Überblick verliert. Sein Brutpflegetrieb läßt auch nach. So kümmert er sich bald nicht mehr um seine Jungen. Bei guter Ernährung können sie schon im ersten Jahr halb so groß werden wie die ausgewachsenen Tiere.

Stichlinge im Aquarium bereiten wirklich keine Probleme. Auch die Zucht gelingt fast immer. Selbst frisch gefangene Stichlinge vermehren sich im Aquarium. Freilich müssen einige Mindestbedingungen erfüllt sein, damit sie sich wohlfühlen: pflanzenreiches, klares Wasser, keine Überbesetzung, damit ein Revier abgegrenzt werden kann und genügend Lebendfutter. Denn an Trockenfutter sind Stichlinge nur schwer zu gewöhnen.

Zwergstichlinge (Pungitius pungitius)

Die Zwergstichlinge werden auch Neunstachelige Stichlinge genannt, obwohl die Zahl der Stacheln auf dem Rücken dieser Fische etwas schwanken kann. Zwergstichlinge bleiben etwas kleiner als ihre dreistacheligen Namensvettern. Die Männchen bekommen auch nicht ein so farbenprächtiges Hochzeitskleid: Sie wirken mit ihrem Rücken und der helleren, ins gelbliche spielenden Bauchseite und den rötlich schimmernden Kiemendeckeln dennoch recht attraktiv. Auch Zwergstichlinge bauen ein Nest, das nur vom Männchen hergestellt und bewacht wird. Aber sie errichten das Nest freitragend in einem Pflanzenbüschel. Das hat den Vorteil, daß man die Pflanze mitsamt dem Nest näher an die Frontscheibe des Aquariums verpflanzen kann. So ergeben sich sehr viel bes-

Bild 16. Neunstachliger Stichling oder Zwergstichling (*Pungitius pungitius*).

sere Möglichkeiten zum Beobachten oder zum Fotografieren. Das Stichlingsmännchen nimmt diesen Umzug nicht weiter übel. Höchstens versucht es, durch ein paar gezielte Bisse die Finger zu vertreiben, was freilich nicht weh tut. Entsprechend ihres Verbreitungsgebiets in den stehenden oder langsam fließenden Gewässern der Norddeutschen Tiefebene vertragen die Zwergstichlinge etwas höhere Temperaturen als die Dreistacheligen Stichlinge. Denn die flachen durchsonnten Wiesengräben und Teiche der Ebenen führen im Hochsommer wärmeres Wasser als dieselben Gewässer im Hügelland oder in den Waldgebirgen Süddeutschlands. Im übrigen sollte man bei einheimischen Fischen nicht allzu ängstlich sein, was die Wassertemperatur betrifft. Weil in unseren Breiten die Wassertemperatur im Jahresverlauf stark schwankt, sind unsere Wassertiere an solche Veränderungen angepaßt. Spitzenwerte von 25 Grad werden ebenso vertragen wie Temperaturen knapp über Null Grad. Nur eine Dauersauna im Warmwasserbecken bekommt den meisten Arten schlecht. Sie vertragen auch keine plötzlichen Temperaturänderungen. Schroffe Kälteeinbrüche etwa zur Zeit der Eisheiligen werden vom Wasser ja nur abgeschwächt wiedergegeben. Wasser kühlt langsamer ab als die Luft und erwärmt sich langsamer.

Schlammpeitzger (Misgurnus fossilis)

Dieser interessante Grundfisch war nie sehr häufig anzutreffen, obwohl er in schlammigen Gewässern Mittel- und Osteuropas ein weites Verbreitungsgebiet hat. Die Ursache, warum man den recht auffälligen gelbbraunen Fisch mit seinen dunklen Längsbändern so selten sieht, ist zunächst in seiner Lebensweise begründet. Schlammpeitzger sind wie die anderen Schmerlen Fische, die tagsüber in Verstecken ruhen und erst mit Einbruch der Dämmerung auf Nahrungssuche gehen. Nur an gewittrigen Tagen verlassen die Schlammpeitzger schon am Tage ihr Versteck im Schlamm oder unter Pflanzenbüscheln. Im Aquarium schwimmen sie dann unruhig an den Scheiben auf und ab. Da die Schlammbeißer, wie sie an manchen Orten genannt werden, dieses Verhalten schon zeigen, bevor Menschen ein aufziehendes Gewitter bemerken können, kamen sie in den Ruf von Wetterpropheten. Tatsächlich kommen Schlammpeitzger in sauerstoffarmen Gewässern immer wieder an die Oberfläche, um Luft zu schlucken. Die verschluckten Luftblasen gelangen in den Darm, wo durch die Blutgefäße der Darmwand aus der geschluckten Luft Sauerstoff aufgenommen werden kann. Von Zeit zu Zeit gibt der Schlammpeitzger die Darmluft durch das Maul wieder ab. Bei Gefahr, etwa beim Berühren mit der Hand, kann dies plötzlich geschehen, wobei ein quietschender Laut entsteht. Schon manch einer hat dann einen Schlammpeitzger vor Schreck wieder fallen lassen, und weg war er. Vielleicht ist es die Zusatzatmung durch den Darm, die den Schlammpeitzgern den schon genannten Ruf eines Wetterpropheten eingebracht hat. Über die Zuverlässigkeit der Vorhersage gehen die Meinungen auseinander.

Trotz der Möglichkeit, sich in sauerstoff-

Bild 17. Schlammpeitzger (*Misgurnus fossilis*).

armen Gewässern zusätzlich mit Atemluft zu versorgen, hat man in den letzten Jahren Schlammpeitzger immer seltener beobachten können. Man müßte doch eigentlich annehmen, daß gerade den Schlammpeitzgern die sauerstoffärmeren verschmutzten Gewässer nicht soviel ausmachen wie anderen Arten. Das Gegenteil scheint der Fall zu sein. In leicht verschmutzten Wiesengräben hielten es Elritzen und Stichlinge noch aus, die Schlammpeitzger waren als erste verschwunden. Deshalb ist es heute bei uns kaum mehr möglich, Schlammpeitzger für das Aquarium zu bekommen.

Schlammpeitzger sollten nach Möglichkeit in Aquarien gepflegt und zur Fortpflanzung gebracht werden. Im Aquarium der Stuttgarter Wilhelma hat man versucht, Schlammpeitzger nachzuzüchten. Sollte es noch Gegenden geben, in denen diese Grundfische häufiger vorkommen, so wäre eine Pflege und Vermehrung der Schlammpeitzger im Aquarium durchaus wünschenswert. Aus den Anfängen der Aquaristik weiß man, daß die Zucht mehrfach gelungen ist. Die Weibchen legen in dicht bepflanzten Becken mit sandigem Grund ihre bräunlichen Eier ab. Die Jungen sollen nach 8 bis 10 Tagen schlüpfen. Schlammpeitzger nehmen allerdings nur Lebendfutter als Nahrung an.

Viele einheimische Gewässer haben sich durch die Errichtung von Kläranlagen wieder so weit regeneriert, daß eine Wiederbesiedlung Erfolg versprechen könnte. Man müßte Schlammpeitzger züchten, die Jungen in geeigneten Gewässern wieder aussetzen und so diesen Fischen eine Chance geben. Denn sie sind wahrscheinlich bei uns vom Aussterben bedroht.

Moderlieschen (Leucaspius delineatus)

Entwässerungsgräben, Tümpel, die das ganze Jahr Wasser führen und stille Buchten der Flüsse in der Barbenregion sind wohl ursprüngliche Lebensbereiche der Moderlieschen. Durch Fischtransporte und die Gewohnheit mancher Aquarianer, ihre zu groß oder einfach langweilig gewordenen einheimischen Fische irgendwo auszusetzen, kann man Moderlieschen auch in Gewässern antreffen, in denen man sie nicht vermutet. Manchmal fragt man sich, wie in einen abgelegenen Weiher oder in einen Steinbruch mit Grundwasser überhaupt Fische hineinkommen, wenn sie der Mensch nicht ausgesetzt hat. Früher

glaubte man, Moderlieschen würden sich aus Schlamm bilden. Vielleicht stammt daher der Name Moderlieschen, er wurde schon gedeutet als „die Mutterlosen". Tatsächlich werden Wassertiere häufig durch die Wasservögel verbreitet. Enten tragen an Füßen und zwischen den Federn die klebrigen Eier von Fischen von einem Gewässer zum anderen. Oft werden Tauchpflanzen mit dem daran haftenden Laich ebenfalls von Wasservögeln durch die Luft transportiert. Beim Moderlieschen werden die klebrigen Eier an Stengeln und auf Blättern von Tauchpflanzen abgelegt. So gelangen gerade diese Fische in entlegene Gräben und Tümpel.

Bild 18. Moderlieschen (*Leucaspius delineatus*) sind Schwarmfische, die nicht einzeln gehalten werden sollten. Aufnahme B. Kahl

Im Aquarium lassen sich Moderlieschen leicht züchten. Wenn das Weibchen seine Eier in kleinen Ketten oder ringförmig an Pflanzenstengeln abgelegt hat, werden sie vom Männchen befruchtet. Da Moderlieschen keine so ausgesprochenen Reviere bilden, lassen sich schon in einem kleineren Aquarium mehrere Moderlieschen-Paare halten. Die Männchen bewachen den Laich und stoßen von Zeit zu Zeit das Blatt oder den Stengel mit den Eiern an. Dadurch wird das

Wasser bewegt, und sauerstoffreiches Frischwasser gelangt an die Eier. In der Färbung unterscheidet sich das Männchen, das die Eier bewacht, kaum von seinem Weibchen. Beide Geschlechter zeigen auf der Bauchseite einen herrlichen Silberglanz. Oft fällt ein stahlblauer Längsstreifen auf, der besonders an der Schwanzwurzel ausgeprägt sein kann. Der olivgrüne Rücken läßt die kaum einmal 10 Zentimeter großen Fische recht ansprechend erscheinen. Die Jungfische schlüpfen bei 20 Grad oft schon nach 8 Tagen. In der Natur leben sie von Einzellern, im Aquarium nehmen sie auch staubfeines Trockenfutter an. Auch die ausgewachsenen Moderlieschen verschmähen das Trockenfutter nicht. Bald nach dem Schlüpfen bilden die jungen Moderlieschen kleine Schwärme. Dabei wachsen sie rasch. Sie können schon im ersten Sommer 3 cm lang und bereits im nächsten Jahr geschlechtsreif werden. Höhere Wassertemperaturen ertragen Moderlieschen recht gut. Sie können sogar starke Temperaturschwankungen verkraften, doch darf man sie nicht unnötig damit belasten. Moderlieschen sollte man nicht einzeln halten, da sie als Schwarmfische Artgenossen brauchen, um sich wohlzufühlen.

Von der Larve zur Libelle

Großlibellen findet man oft weitab vom Gewässer, in Waldlichtungen, auf Feldern oder auf Bergwiesen. Diese eleganten Flieger jagen mit einer Geschwindig-

Bild 19. Libellenlarven sind gefräßige Räuber; es lohnt sich aber, sie in einem kleinen Aquarium alleine zu pflegen. Aufnahme B. Kahl

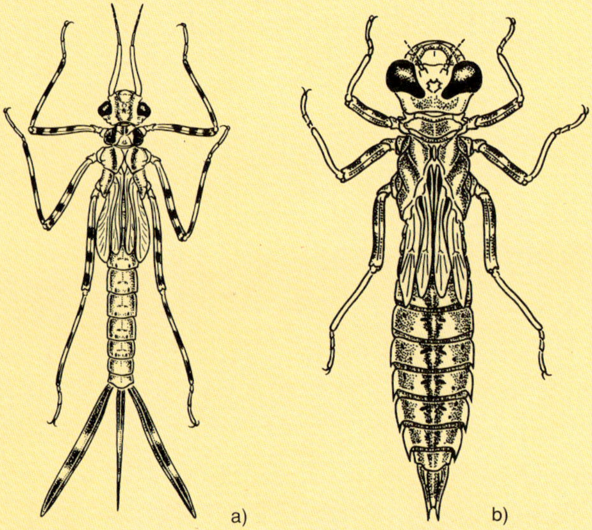

Bild 20. **a** Larve einer Kleinlibelle (*Agrion*), **b** Larve einer Großlibelle (*Aeschna*).

keit von etwa 30 Stundenkilometern größeren Insekten nach. Vor allem auf Schmetterlinge haben sie es abgesehen. Durch eine besondere Flugtechnik können die Großlibellen rasch die Richtung ändern, in der Luft wie Hubschrauber stehenbleiben, ja sogar rückwärts fliegen. Oft ruhen die schön gezeichneten Flugkünstler auf einer Blüte oder einem Blatt aus. Dabei halten sie ihre vier Flügel waagerecht ausgebreitet.

Kleinlibellen entfernen sich selten weit von ihren Heimatgewässern. Sie flattern unbeholfen von einem Schilfhalm zu einem anderen. Hier ruhen sie mit eng angelegten Flügeln und warten, bis eine Fliege oder ein anderes kleines Insekt ins Wasser fällt. Dieses wird dann ergriffen und verzehrt.

Ähnlich leicht wie die Libellen kann man auch ihre Larven unterscheiden. Die Larven der Großlibellen sind kräftiger und besitzen am Hinterleib drei Stacheln, mit denen sie die Hinterleibsöffnung verschließen können. Kleinlibellenlarven, schlanker und von schönerer Färbung als die düster gefärbten Larven der Großlibellen, tragen drei lange blattförmige Anhänge am Hinterleib. Mit diesen Atmungsorganen können sie Sauerstoff aus dem Wasser herausfiltern und über ein System von Atemröhren, die Tracheen, im ganzen Körper verteilen. Auch die Larven der Großlibellen atmen durch den Hinterleib. Sie saugen sich den Darm mit Atemwasser voll. Kiemenähnliche Gebilde im Darm filtern den Sauerstoff heraus und leiten ihn ebenfalls durch ein Tracheensystem zu allen Organen. Auf der Flucht können die Larven der Großlibellen den gesamten Wasservorrat aus ihrem Darm schlagartig auspressen. Mit angelegten Beinen können sie dabei durch Rückstoß schnell einige Zentimeter vorwärtskommen.

Alle Libellenlarven ernähren sich durch den Fang von kleineren Wassertieren. Unbeweglich lauern sie auf dem Boden oder zwischen Pflanzen. Dabei sind sie durch ihre Tarnfarbe für ihre Beutetiere fast unsichtbar. Kommt ein Jungfisch, eine Kaulquappe oder eine Mückenlarve in die Nähe einer Libellenlarve, so zeigt nur die Bewegung des Kopfes mit den großen, seltsam starr anmutenden Augen, daß die Libellenlarve aufmerksam lauert. Plötzlich schnellt sie blitzartig ihre Fangmaske vor und ergreift das Beutetier. Sie kann nämlich ihre Unterlippe, die normalerweise unter dem Kopf eingeklappt ist, vorschieben. An der Spitze dieser Fangmaske sitzen scharfe Klauen zum Ergreifen des Beutetiers. Dieses wird nun zur Mundöffnung geführt und verspeist.

Mehrere Jahre leben die Libellenlarven auf dem Grunde von Wiesengräben oder stehenden Gewässern. Sie müssen sich mehrfach häuten, bis sie groß genug sind, um sich zur Libelle umzuwandeln. Dazu kriecht die Larve eines Tages an einem Schilfstengel aus dem Wasser heraus und krallt sich oberhalb der Wasseroberfläche fest. Die Larvenhaut platzt am Nacken auf, und die fertige Libelle arbeitet sich aus der Larvenhülle heraus. Bis sich die Flügel voll entfaltet haben, verweilt die Libelle auf dem Schilfstengel, dann startet sie zu ihrem ersten Beuteflug. Die Larvenhülle bleibt am Schilfstengel noch längere Zeit haften, so stark hat sich die Libellenlarve mit ihren Beinen festgekrallt.

Libellenlarven lassen sich im Aquarium problemlos halten. Ihr Sauerstoffbedarf ist nicht so hoch, daß eine Belüftung notwendig wäre. Unter den gefangenen Libellenlarven wählen wir die größten aus. Dann erfolgt die Verwandlung zur Libelle noch im gleichen Jahr, meist im Juni. Gelegentlich schlüpfen die Libellen zu früh, weil das warme Aquarienwasser ihre Entwicklung beschleunigt.

Nun sitzt die fertige Libelle auf einem Stengel, den wir vorsorglich ins Aquarium gestellt haben oder auf einer über den Wasserspiegel herausragenden Pflanze. Aber die Jahreszeit ist noch nicht weit genug fortgeschritten. Es gibt noch keine Beutetiere draußen in der Natur. Auch mir ist dieses verfrühte Schlüpfen von Libellen schon passiert. Ich habe den Libellen dann mit Erfolg mit einem feinen Zahnstocher größere Mückenlarven angeboten. Sie wurden gierig gefressen.

Im Herbst, wenn die Nächte schon empfindlich kühl werden, sieht man oft Libellen bei der Eiablage. Je nach Art lassen sie die Eier einfach ins Wasser fallen oder legen sie an Pflanzenteilen ab. Dann sterben die Libellen, denn ihr Leben als fliegendes Insekt währt in unseren Breiten nur einen Sommer.

Unken im Aquarium

Wenn die Nächte frostfrei werden, erwachen die Unken aus der Winterstarre. Unter dicken Laubschichten in der Nähe ihres Heimatgewässers, unter Baumwurzeln oder in verlassenen Mäuselöchern haben sie die unwirtliche Jahreszeit überdauert. Bald klingt aus Wiesengräben oder tieferen Wagenspuren der leise, melodische Paarungsruf. Er erinnert entfernt an leises Glockenläuten und hat den Unken ihren Namen gegeben.

Will man einige Unken für das Aquarium fangen, dann muß man schon genau hinsehen. Denn ihr warziger Rücken entspricht der Farbe des Gewässergrundes und ist meist graubraun. Dreht man eine Unke um, so überrascht die farbige Unterseite: gelbschwarz bei der Gelbbauchunke (*Bombina variegata*), rötlich mit blauschwarzen Flecken bei der Rotbauchbunke (*Bombina bombina*). Warnfarben sind diese leuchtenden Flecken wie das Schwarzgelb der Feuersalamander oder unserer Wespen. Bei Unken kann wie bei Erdkröten und Feuersalamandern aus der warzigen Haut eine milchige Flüssigkeit abgeschieden werden. Dem Menschen kann dieses schwach giftige, leicht ätzende Hautsekret nichts anhaben, es dürfte aber einigen Freßfeinden den Appetit auf ihre Opfer nachhaltig verderben. Hilft das Gift nichts, so bleibt den Unken noch ein Totstellreflex. Tiere, die nur auf Bewegungen ihrer Beute reagieren, lassen dann von den reglosen Unken ab.

Gelbbauchunken wie ihre rotgefleckten Verwandten legen ihre Eier nicht in großen, zusammenhängenden Ballen ab wie Grasfrösche. Man findet die Eier eher einzeln oder zu mehreren auf dem schlammigen Gewässerboden oder an Pflanzen. Wie Froscheier sind auch die Eier der Unken von einer Gallerthülle umgeben. Die Kaulquappen, die aus den Eiern schlüpfen, ähneln den Larven der Grasfrösche. Sie sind jedoch Einzelgänger, während Grasfroschkaulquappen in großen Scharen beieinander bleiben.

Beide Unkenarten brauchen im Aquarium ein gutbepflanztes Becken mit etwas Freiraum, da sie gerne schwimmen oder sich ausgestreckt ins Wasser hängen. Der Wasserstand sollte dem in Wiesengräben angeglichen werden, also nicht viel mehr als 20 cm betragen. Für eine größere Wurzel, eine Zierkorkinsel oder einen aus dem Wasser ragenden Stein sind die Unken dankbar, weil sie gern einmal aus dem Wasser herausklettern. Die Larven fressen Trockenfutter, auch Algen oder abgestorbene Wasserflöhe. Junge Unken kann man mit *Tubifex, Cyclops* oder Wasserflöhen füttern. Auch die erwachsenen Tiere verschmähen diese Nahrung nicht, nehmen aber auch Fliegen, Regenwürmer und Ohrwürmer gern an.

Während Gelbbauchunken weit verbreitet sind, kommen die Rotbauchunken mehr in den Tiefebenen vor. Es gibt aber auch Gegenden, in denen beide Arten nebeneinander zu finden sind. Kreuzun-

Bild 21. Gelbbauchunken sind reizvolle Pfleglinge. Aufnahme U. Höch

gen zwischen den beiden Unkenarten gibt es in der Natur allerdings nicht.
Unken hatten im Mittelalter sehr unter Verfolgungen zu leiden, weil ihnen heilsame Wirkungen bei allerlei Krankheiten zugesprochen wurden, wie übrigens auch den Erdkröten und den Feuersalamandern. In einem alten Heilkundebuch heißt es: „Gegen den Krebs der Weiberbrust hilft es, wenn man eine lebendige Unke oder Kröte darauf bindet, bis sie verreckt." Heute stehen Unken unter Naturschutz, so daß wir sie nach der Beobachtung im Aquarium wieder in ihr Heimatgewässer zurücksetzen müssen.

Schnecken aus dem Wiesengraben

Es gibt kaum ein Gewässer, in dem man so viele verschiedene Schneckenarten antreffen kann, wie den Wiesengraben. Hier, im stillen, klaren Wasser finden sie genügend Nahrung und vor allem Schutz vor ihren Freßfeinden. Denn Karpfen, Schleien und Aale dringen selten und dann nur für kurze Zeit in solche Gewässer ein, etwa bei Überschwemmungen.
Alle einheimischen Schneckenarten fressen in erster Linie Algen und verwesende Stoffe, auch tote Wassertiere nagen sie ab. Erst unter den Bedingungen mancher Aquarien wagen sie sich auch an grüne Tauchpflanzen heran und zerstören dann vor allem die jungen, frischen Triebe und Blätter. Dies kommt daher, daß es den Wasserschnecken in

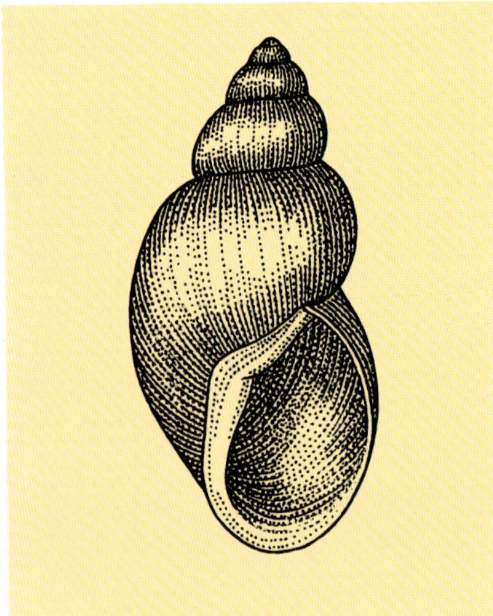

Bild 22. Leberegelschnecke oder Kleine Schlammschnecke.

Alle unsere einheimischen Wasserschnecken kann man auch an das warme Wasser der Tropenaquarien gewöhnen, die Anpassung an die höheren Wassertemperaturen muß nur langsam erfolgen. Im Heimataquarium gehören Schnecken einfach dazu. Man sollte eigentlich nur die Leberegelschnecke oder Kleine Schlammschnecke (*Lymnaea truncatula*) von Aquarien und Gartenteichen ausschließen. Diese kleine Spitzhornschnecke wird nur etwa 1 cm groß. Sie ist Zwischenwirt des gefürchteten Leberegels, dessen Larven sie in sich beherbergt, ohne selbst krank zu werden. Unter ungünstigen hygienischen Voraussetzungen können sich Menschen über die Schnecken oder das Wasser, in das die Larven ausgeschieden werden, manchen Aquarien an abwechslungsreicher Kost mangelt. Wasserschnecken haben einen sehr vielseitigen Speisezettel. Will man sie nur darauf festlegen, den Algenbelag von den Scheiben zu nagen, dann muß man zwangsläufig von Schnecken im Aquarium enttäuscht sein. So sind Wasserschnecken bei den Aquarianern sehr umstritten. Dabei können sie ein steriles Fischbecken beleben und durchaus von Nutzen sein, weil sie eben doch viele Algen und fäulnisfähige Stoffe auffressen und dadurch unschädlich machen. Im Zuchtbecken sollte man Wasserschnecken allerdings nicht dulden: Fischlaich ist für sie eine Delikatesse.

Bild 23. Ohrschlammschnecke.

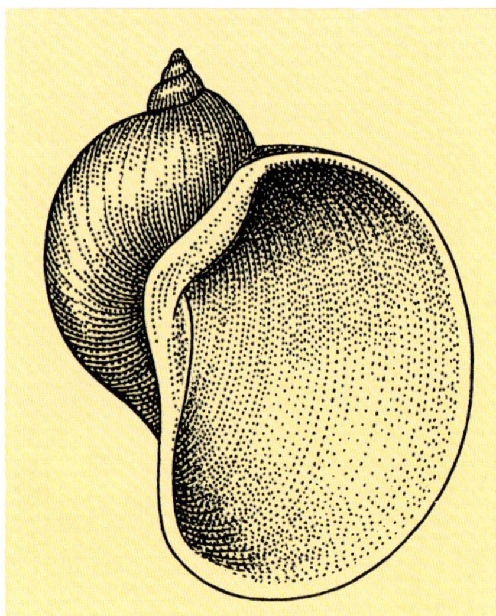

infizieren. Dies kann zu schweren Erkrankungen führen. Alle anderen einheimischen Wasserschnecken sind für uns Menschen harmlos.

Ohrschlammschnecken (Radix)

Diese in mehreren Arten bei uns vorkommenden, etwa zwei Zentimeter großen Wasserschnecken zeichnen sich durch ein bernsteinfarbenes Gehäuse aus, dessen letzte Windung blasig aufgetrieben erscheint. Man findet sie fast in allen Gewässern in verschiedenen Standortformen. So haben die Spielarten aus fließenden Gewässern etwas härtere Schalen. Nur in schnellfließenden Bächen und Flüssen wird man die Ohrschlammschnecke vergeblich suchen. Ohrschlammschnecken weiden nur Algenrasen ab, sie bereiten im Aquarium keine Probleme.

Posthornschnecken

Alle Arten der Posthornschnecken besitzen flache, tellerähnliche Gehäuse, weshalb sie in einigen Gegenden Süddeutschlands auch Tellerschnecken genannt werden. Die Große Posthornschnecke (*Planorbis corneus*) kommt außer in Wiesengräben auch in Seen, langsam fließenden Flüssen und in den Entwässerungsgräben der Nordseemarschen vor. Sie ist allerdings recht selten geworden. Dies hängt vielleicht damit zusammen, daß Posthornschnecken schon zu Beginn der Aquaristik als Aquarienschnecken geschätzt wurden. Als ausgesprochene Detritusfresser – das sind Tiere, die zerriebene organische

Bild 24. Posthornschnecken auf Laichkraut. Aufnahme B. Kahl

Bild 25. Rote Posthornschnecken sind Albinos. Aufnahme D. Schmidtke

Reste auffressen – lassen sie im Aquarium die höheren Pflanzen in Ruhe. Auch die großen Posthornschnecken fressen nebenbei Algen, und mancher tote Fisch braucht nicht aus dem Becken genommen zu werden, weil ihn die Posthornschnecken auf ihre Art bestatten. Sie brauchen dazu oft nur einen halben Tag. Bei einigermaßen erträglichen Bedingungen setzen die Schnecken auch bald ihre rundlichen, leicht gewölbten Laichballen an Pflanzen oder Aquarienscheiben ab. Posthornschnecken sind Zwitter, die sich als Männchen oder Weibchen betätigen. Zur Zucht genügen also zwei Individuen. Es kommt selten vor, daß eine Posthornschnecke ihre eigenen Eier befruchtet. Wie bei diesen Schnecken wird überall im Tierreich die Fremdbefruchtung bevorzugt, auch bei Zwittern. Auf diese Weise können die Erbanlagen vermischt und Erbschäden durch Inzucht vermieden werden.

Gelegentlich finden sich unter den Jungen der Großen Posthornschnecke, die nach etwa 14 Tagen schlüpfen, Exemplare, deren Weichteile leuchtend rot gefärbt sind. Bei den meisten Posthornschnecken ist dagegen der Schneckenkörper schwärzlich und das Gehäuse von durchscheinend brauner Farbe. Solche

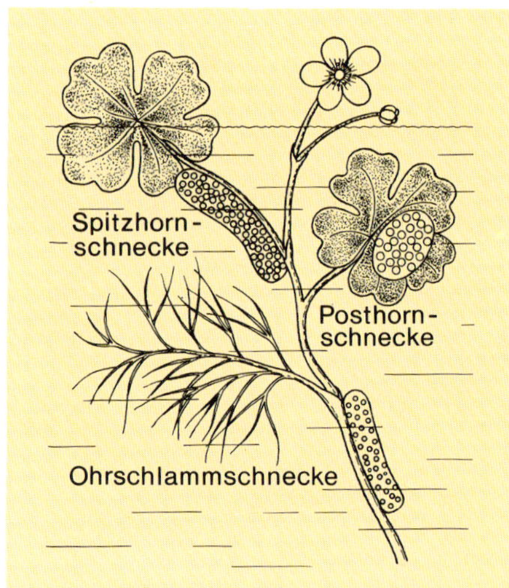

Bild 26. Schneckenlaich auf Wasserhahnenfuß.

rot gefärbten Posthornschnecken sind bei Aquarianern und Gartenteichbesitzern sehr begehrt. Die „roten Posthornschnecken" stellen indes keine eigene Art dar. Es handelt sich vielmehr um Tiere, die durch einen Defekt in den Erbanlagen keinen schwarzen Farbstoff aufbauen können. Die Haut bleibt ohne dieses dunkle Pigment. So kann das rote Blut der Posthornschnecken, das auch die normalgefärbten Tiere besitzen, durch die Haut durchschimmern. Die Schnecken leuchten wunderschön rot. Sie bleiben auch ganz gesund dabei und können sich sogar normal vermehren. Albinismus nennt man diesen erblichen

Bild 27. Große Schlammschnecke oder Spitzhornschnecke. Aufnahme B. Kahl

Pigmentmangel. Wir kennen diese Erscheinung auch von Zwergkaninchen, sogar von Menschen, bei denen sich der Pigmentmangel wirklich als Krankheit auswirkt. Sie müssen ihre Augen und die Haut vor direkter Sonneneinstrahlung schützen.

Bei Schnecken wirkt sich der Pigmentmangel überhaupt nicht negativ aus, wenn man davon absieht, daß ihnen die Aquarianer eifrig nachstellen, um ein solches leuchtendes Juwel in ihr Becken zu bekommen. Dabei genügt es, sich ein paar schwarze Posthornschnecken zu besorgen. Bei den Nachkommen sind meist einige der gesuchten roten dabei. Denn die Posthornschnecken neigen nun einmal dazu, Albinos hervorzubringen. Experimentierfreudige Aquarianer können versuchen, alle schwarzen Posthornschnecken sorgfältig zu entfernen und die roten untereinander zu kreuzen. Vielleicht gelingt es nach mehreren Generationen von Schnecken eine Posthornrasse zu züchten, die ausschließlich Albinos als Nachkommen hat.

Spitzhornschnecken (Lymnaea stagnalis)
Fast alle Vorurteile, die die Aquarianer gegen Schnecken im Aquarium hegen, haben sie von der Großen Schlammschnecke oder der Spitzhornschnecke, wie sie auch genannt wird, auf andere Wasserschneckenarten übertragen. Spitzhornschnecken gehören zu den größten einheimischen Wasserschnekken und entwickeln im Aquarium einen angemessenen Appetit. Sie vergreifen sich wirklich an den zarten Trieben und an jungen Blättern von Tauchpflanzen, wenn sich im Aquarium nichts findet, was ihnen besser schmeckt. Zum Glück gibt es vieles, was die Spitzhornschnekken die wertvollen Tauchpflanzen vergessen läßt: Trockenfutter, vor allem in Tablettenform, Algen, tote Fische, Kopfsalatblätter. So müssen wir auf diese schönen Wasserschnecken im Aquarium nicht ganz verzichten.
Spitzhornschnecken setzen ihre Eier nicht in runden Laichballen ab. Sie kleben ihre knapp 3 cm langen, leicht gekrümmten Laichbänder an Pflanzen oder an die Aquarienscheiben. Die jungen Schnecken schlüpfen bei Zimmertemperatur nach etwa acht Tagen und wachsen ziemlich schnell. Man sollte die meisten von ihnen freilassen. Denn zu viele Spitzhornschnecken im Aquarium lassen ihren Appetit auf die Tauchpflanzen wieder wachsen.

Tiere in Teich und Weiher

Wie die Wiesengräben können auch die Teiche interessante Gewässer sein. Die Voraussetzungen für die Entwicklung einer artenreichen Lebensgemeinschaft sind durchaus gegeben: Flaches, warmes Wasser mit reichen Beständen an Ufer- und Tauchpflanzen bietet vielen Tieren ideale Lebensbedingungen. Doch die vielseitige Nutzung durch den Menschen mindert die Lebensqualität für manche Wassertiere. Fischereivereine kaufen solche Gewässer, setzen Nutzfische ein und bekämpfen Arten, an denen sie kein Interesse haben. Manche Angler, denen der Karpfen an der Angel wichtiger ist als eine reiche Lebensgemeinschaft aus vielen Tierarten, haben für Fische, die sie nicht für fangwürdig finden, das böse Wort vom Fischunkraut erfunden. Sie vergessen, daß auch ihre Lieblingsfische auf Dauer nur gesund zu halten sind, wenn sie in einer artenreichen Lebensgemeinschaft und nicht in einem Zuchtbetrieb leben. Krankheiten können sich so viel weniger ausbreiten, als wenn in ei-

nem Gewässer nur einige wenige Fischarten vorherrschen. Aber nicht nur manche Angler bedrohen Weiher, Teiche und ähnliche Gewässer. Oft sickert von den umliegenden landwirtschaftlich genutzten Flächen Wasser ein, das mit Rückständen der chemischen Schädlingsbekämpfung oder mit mineralischen Düngern belastet ist. Manche größeren Teiche werden zu stark von Freizeiteinrichtungen beansprucht. Auch Windsurfer, Bootfahrer und Badende können sich auf ein Gewässer negativ auswirken. Vor allem der wichtige Uferbereich mit seinem reichen Pflanzenwuchs wird fast immer dabei zerstört. Es wäre übertrieben, zu verlangen, daß alle Einwirkungen des Menschen an Teichen eingestellt werden müßten. Wir brauchen Freiräume für Urlaub und Freizeit, und die Landwirtschaft kann wohl nicht auf alle chemischen Schädlingsbekämpfungsmittel verzichten. Was wir aber brauchen, das ist ein Interessenausgleich zwischen den Wünschen des Menschen und den lebensnotwendigen Bedürfnissen der Tiere. So könnte man bestimmte Uferstreifen unter Schutz stellen, Sperrzonen für

Bild 28. Teichufer mit Wasserschwertlilien. Aufnahme D. Schmidtke

1
2
3
4
5
6
7

Angler einrichten und den Gebrauch von chemischen Produkten in der Landwirtschaft einschränken. Anglervereine müßten bei Pacht oder Kauf eines Gewässers die Auflage erhalten, Schutzzonen für nicht fangwürdige Fische einzurichten und beim Ablassen eines Teichs keine der dort vorkommenden Fischarten auszurotten.
Wenn man die angeschnittenen Probleme bedenkt, so wird klar, daß wir in unseren Teichen sehr verschiedene Lebensgemeinschaften antreffen werden, und zwar vom reinen Fischwasser bis zu einem naturnahen Gewässer. Für unsere Seen gelten ähnliche Überlegungen, doch diese weitaus größeren Gewässer können dem Einwirken des Menschen länger standhalten als ein Teich mit seiner begrenzten Wasserfläche. Allerdings kommt eines Tages auch für Seen der Tag, wo das natürliche Gleichgewicht empfindlich gestört wird.
Teiche und Seen bilden in geschützten Buchten, in denen sich Schwemmstoffe ansammeln können, charakteristische Pflanzengesellschaften aus. Vom Ufer her wachsen Schilf, Binsen und Rohrkolben in den See hinein. Dieser Schilfzone folgt die Zone der Pflanzen, die Schwimmblätter ausbilden. Seerosen sind die bekanntesten Vertreter dieser Zone. Schließlich folgen die Tauchpflanzen. Sie können in flachen Teichen und Weihern den ganzen Gewässerboden besiedeln. Tiefe Teiche und die Seen weisen noch eine Tiefenzone auf. Hier wachsen Armleuchteralgen, bis bei noch größerer Wassertiefe etwa unterhalb von 10 Metern der Pflanzenwuchs aus Lichtmangel völlig aufhört.
Eine ganze Reihe von Pflanzen aus dem Pflanzengürtel eines Sees lassen sich im Aquarium einbürgern. Selbst Schilfstengel und unterirdische Stengel der Teichrose wachsen weiter, wenn sie genügend Wurzeln haben und ausreichend Licht bekommen. Bei den Tauchpflanzen eignen sich nur die kleineren Arten fürs Aquarium. Die wichtigsten Pflanzen für ein Teichaquarium sind Quirlblättriges Tausendblatt, Bitterkresse, Bach-Ehrenpreis, Tannenwedel, Großes Nixenkraut, Armleuchteralge und Teichfaden.

Bild 29. Wichtige Teichpflanzen. **1** Quirlblättriges Tausendblatt, **2** Bitteres Schaumkraut (Bitterkresse) **3** Tannenwedel, **4** Bach-Ehrenpreis, **5** Großes Nixenkraut, **6** Armleuchteralge, **7** Teichfaden.

Was sind eigentlich Weißfische?

Unter den Fischen, die in Teichen, Seen und auch in Flüssen mit Sicherheit anzutreffen sind, nehmen die sogenannten Weißfische eine besondere Stellung ein. Als Massenfische unserer einheimischen Gewässer, die gelegentlich bis in die Forellenregion vordringen, sind sie bei Anglern nicht besonders beliebt. Denn nur zu oft nehmen sie einen fetten Köder, der einen der selteneren Edelfische anlocken soll, für sich in Anspruch. Während man Karpfen und Schleien jedes Jahr einsetzen muß, vermehren sich die Weißfische von selbst, viel zu stark, wie manche Angler meinen. Diese Verwandten des Karpfens erweisen sich auch in belasteten Gewässern als ziem-

lich anpassungsfähig. So geben Weißfische ideale Aquarienfische ab: Sie sind meist verträgliche Friedfische, leicht zu beschaffen und stellen keine großen Ansprüche an Wasserqualität und Futter.
Ihren Namen haben die Weißfische von der hellglitzernden Bauchseite. Raubfische können sie so von unten schlecht entdecken, da sich die helle Bauchseite gegen die spiegelnde Wasseroberfläche kaum abhebt. Andererseits verschwimmt der dunkle Rücken für einen Feind, der von oben das Gewässer beobachtet, mit dem dunklen Gewässerboden, eine vorzügliche Tarnung.
Zu den Weißfischen gehören Cypriniden (Karpfenfische), die gar nicht unbedingt sehr nahe miteinander verwandt sein müssen. Der Begriff „Weißfisch" ist eben ein volkstümlicher Ausdruck, keine wissenschaftlich scharf abgegrenzte Bezeichnung. Meist werden Plötzen (Rotaugen), Rotfedern, Gründlinge, Lauben, Brachsen und Döbel zu den Weißfischen gezählt. Da diese Fische ausgewachsen für das durchschnittliche Aquarium schon ein bißchen groß sind, empfiehlt es sich, Jungfische zu erwerben. Man erhält sie am einfachsten in Anglergeschäften, in denen diese Fische immer wieder als Köderfische zum Fang von Raubfischen wie Hecht und Zander angeboten werden. Auch Angler, die sich am Wasser selbst mit Köderfischen versorgen, geben gern ein paar Weißfische ab. Manchmal genügt es, im Mai/Juni einige Zweige von Tauchpflanzen mit nach Hause zu nehmen. Sie sind oft mit Fischlaich besetzt. Wir brauchen diese Pflanzen nur ins Aquarium zu setzen und abzuwarten, bis sich Jungfische zeigen. Es dauert allerdings Monate, bis sich die jungen Fischchen so weit entwikkelt haben, daß man mit Sicherheit bestimmen kann, welche Weißfischart man vor sich hat. Einige dieser Cypriniden sollen auf den folgenden Seiten näher beschrieben werden.

Rotaugen und Rotfedern

Rotaugen oder Plötzen (*Rutilus rutilus*), wie sie in Norddeutschland genannt werden, sind wohl die häufigsten Fische unserer Gewässer. Mit ihrem olivgrünen Rücken und den roten Flossen, der weißen Bauchseite und den goldroten Augen sehen sie recht attraktiv aus. Leider werden Rotaugen sehr groß für Aquarien, sie können schon einmal 25 Zentimeter lang werden. Deshalb besorgt man sich lieber jüngere Exemplare. Ein kleiner Schwarm von 4-5 Fischen läßt sich gut eingewöhnen. Da Rotaugen im Aquarium kleiner bleiben, wenn sie jung eingewöhnt werden, kann man sie lange Zeit halten. Es ist auch schon gelungen, Rotaugen im Aquarium zum Ablaichen zu bringen. Die Weibchen legen ihre Eier über Pflanzen ab. Die Männchen, die man an einem feinkörnigen Laichausschlag am Kopf erkennen kann, befruchten die Eier. Nach etwa 8 Tagen schlüpfen viele kleine Fischlarven. Durch den Dottersack sehen sie Kaulquappen ähnlicher als Fischen. Wie viele Cypriniden hängen die jungen Rotaugen mit Hilfe einer Klebedrüse in senkrechter Stellung an Tauchpflanzen. Von Zeit zu Zeit unternehmen sie ruckartige Schwimmbewegungen in Richtung an die Wasseroberfläche. Dort angekommen, schlukken die Jungfische Luft. Diese gelangt

Bild 30. Rotauge oder Plötze (*Rutilus rutilus*).

durch einen Verbindungskanal, der nur wenige Tage besteht, in die Schwimmblase. Bald sieht man die jungen Fische nach der ersten Füllung der Schwimmblase waagerecht im Wasser schweben. Die Schwimmblase hebt sich vom fast durchsichtigen Fischkörper wie eine silbern glänzende Perle ab. Fische, denen es aus irgendwelchen Gründen nicht gelingt, rechtzeitig ihre Schwimmblase mit Luft zu füllen, gehen zugrunde. Bei vielen einheimischen Fischarten verlaufen die ersten Tage nach dem Ausschlüpfen aus den Eiern wie bei den Rotaugen. Sobald die jungen Rotaugen waagerecht schwimmen, beginnen sie mit der Nahrungsaufnahme. Wie bei allen Fischarten stehen die Einzeller auf dem Speisezettel der ersten Tage. Junge Rotaugen können aber auch mit feinem Aufzuchtfutter gut abwachsen.

Haben die Jungfische etwa die Größe von zwei Zentimetern erreicht, so bilden sie schon Schwärme. Denn Rotaugen sind Schwarmfische. Gleichzeitig entwickeln sie einen zunehmenden Appetit auf Algen, denen auch die erwachsenen Rotaugen nicht widerstehen können. Daneben ernähren sich die jungen Rotaugen nach wie vor von tierischer Kost, nur sind die Futtertiere inzwischen größer geworden: Hüpferlinge, Wasserflöhe und Mückenlarven wandern in ihre Mägen. Wir sollten diesem Bedürfnis nach Naturfutter Rechnung tragen, auch wenn wir wissen, daß Rotaugen mit Trockenfutter auskommen. Zumindest verhindern wir mit Lebendfuttergaben, daß die Elterntiere über ihre eigenen Jungen herfallen. Rotaugen betreiben ja keine Brutpflege und vergreifen sich meist dann an ihren Jungen, wenn das Lebendfutter knapp wird.

Auch Rotfedern (*Scardinius erythrophthalmus*) gelten als gute Aquarienfische. Sie unterscheiden sich von den Rotaugen durch kräftigere Farben, tief weinrote

Bild 31. Rotfeder (*Scardinius erythrophthalmus*).

Flossen und einen Bronzeglanz entlang der Seitenlinie. Der entscheidende Unterschied besteht aber in der Verteilung der Flossen. Bei der Rotfeder beginnt die Rückenflosse deutlich hinter dem Ansatzpunkt der Bauchflossen. Beim Rotauge dagegen beginnen beide Flossen etwa auf gleicher Höhe.

Wer Glück hat, findet in Teichen die goldfarbene Abart der Rotfeder, die Goldrotfeder. Ihre prächtige rotgoldene Färbung beruht auf einem erblichen Mangel an einer der vier Farbstoffzellen, die in ihrem Zusammenwirken die vielseitige Färbung der Fische bewirken. Glanzzellen, Gelb- und Rotzellen besitzen die Goldrotfedern ebenso wie die normalen Rotfedern. Es fehlen ihnen aber die Schwarzzellen fast völlig, die normalerweise einen Teil der Gelb- und Rotzellen in ihrer Wirkung abschwächen. Ähnlich kommt die Färbung von Goldorfe, Goldschleie und Goldfisch zustande. Da die normale Farbzellenverteilung erblich überwiegt, treten bei den Nachkommen der Goldrotfedern immer wieder normalgefärbte Fische auf. Versucht man Goldrotfedern untereinander zu kreuzen, dann müßte man mit der Zeit diese schönen Fische reinerbig weiterzüchten können. Leider hat diesen Versuch noch niemand unternommen, so daß diese schönen Aquarienfische seltener sind als mancher Fisch aus den Tropen.

Laube oder Ukelei (Alburnus alburnus)

Haben wir bei Rotaugen und Rotfedern wegen ihrer Größe Schwierigkeiten, ausgewachsene Tiere im Aquarium unterzubringen, so machen die silberglänzenden Lauben in dieser Hinsicht keine Probleme. Diese eleganten Schwarmfische sind geradezu ideal fürs Aquarium. Sie bleiben meist kleiner als 15 Zentimeter. Als Fische, die in der freien Natur ihre Nahrung überwiegend an der Wasseroberfläche suchen, wühlen sie den Bodengrund nicht auf und sind in ständiger Bewegung. Wenn ein Laubenschwarm geschlossen wendet, und dabei die silbern glänzenden Seiten der Fische aufleuchten, ist das schon ein sehr schöner Anblick. Leicht an Trockenfutter zu gewöhnen, passen sich die Lauben auch sonst gut an die Bedingungen im Aquarium an. Ihr einziger Nachteil: Sie verlieren leicht Schuppen. In die entstehenden Wunden können dann die gefürchteten Wasserschimmelpilze (*Achlya* oder *Saprolegnia mixta*) eindringen. Die Fische sind dann meist verloren. Es empfiehlt sich daher, Lauben stets mit nassen Händen anzufassen oder ein besonders feines Netz zu verwenden. Fallen doch einmal ein paar Schuppen weg, so sollten die Fische vorbeugend mit einem Antibiotikum behandelt werden.

Lauben kommen normalerweise nicht ohne zusätzliche Belüftung aus. Dies sollte man beim Eingewöhnen ins Aquarium berücksichtigen. Dabei haben diese Fische nicht einmal einen so besonders hohen Sauerstoffbedarf. Als schnelle Schwarmfische brauchen sie aber unbedingt weiten Schwimmraum. Da dies nur möglich ist, wenn man die Bepflanzung zugunsten des freien Wassers einschränkt, ist eine zusätzliche Belüftung angebracht. Denn die wenigen Pflanzen erzeugen nicht genügend Sauerstoff.

Lauben sind schon im Aquarium gezüchtet worden. In der Natur laichen sie an flachen Kies- oder Steinufern. Entsprechend wirkt sich zur Laichzeit ein flacher Wasserstand vorteilhaft aus. Es müssen auch genügend Steine oder gröbere Kiesel zum Ablaichen vorhanden sein.

Wollen wir uns Lauben fürs Aquarium beschaffen, so sprechen wir am besten die Fischer an Seen oder Teichen an. Für sie haben Lauben nur als Köderfische oder als Futter für Raubfische Bedeutung. Deshalb trennen sich die Teichwirte oder Fischereiberechtigten von ein paar Lauben viel leichter als etwa von einem Karpfen oder einer Schleie.

Bild 32. Laube oder Ukelei (*Alburnus alburnus*).

Bild 33. Die Schleie (*Tinca tinca*) gehört zu den schönsten einheimischen Fischen. Aufnahme B. Kahl

Schleien und Goldschleien

Im Gegensatz zu den Weißfischen werden die Schleien (*Tinca tinca*) in Zuchtanstalten und Teichwirtschaften großgezogen und nachgezüchtet. Diese wunderschön goldgrün schimmernden Fische gehören zu den schönsten einheimischen Fischen überhaupt. Ihre Zählebigkeit, ihr geringer Sauerstoffbedarf, ihre Fähigkeit, sich an die Bedingungen im Aquarium anzupassen, müßten sie eigentlich zu idealen Aquarienfischen machen. Leider haben die Schleien einige Nachteile: Sie wühlen und sie werden zu groß. So lassen sie sich nur als Jungtiere im Aquarium pflegen. Die Zucht sollte man lieber im Gartenteich versuchen.

Im Schleienaquarium sollte der Bodengrund aus feinem Kies oder aus Sand bestehen. Robuste Pflanzen wie Krauses Laichkraut und Wasserpest, Froschlöffel und Pfeilkraut sollten den zarten Tauchpflanzen vorgezogen werden. Schnecken müssen groß sein, sonst werden sie von den Schleien als willkommene Zusatzkost verspeist. Wenn wir die Pflanzen nicht gut im Boden verankern, schwimmen sie am nächsten Morgen auf der Wasseroberfläche herum. Filtern wir nicht ständig, so müssen wir am nächsten Tag trübes Wasser in Kauf nehmen. Die Schleien verhalten sich nämlich tagsüber

Bild 34. Halbwüchsige Goldschleien (*Tinca tinca*). Aufnahme B. Kahl

recht ruhig. In der Nacht holen sie dann alles nach, was sie am Tag versäumt haben. Diese nachtaktiven Fische durchsuchen von der Abenddämmerung an den Boden Zentimeter für Zentimeter nach allerlei Freßbarem ab. Als ausgesprochene Allesfresser nehmen sie dabei auch faulende Pflanzenreste, Algen, junge Triebe von Wasserpflanzen und sogar tierische Reste auf. Im allgemeinen aber bevorzugen sie Kleinkrebse, Wasserasseln und *Tubifex*. Trockenfutter nehmen sie erst zögernd, gewöhnen sich aber bald an den Geschmack so sehr, daß sie selbst am hellen Tag lebhaft werden, wenn man ihnen Trockenfutter anbietet.

Bei all dem gesegneten Appetit wachsen Schleien ziemlich langsam, viel langsamer als etwa Karpfen, mit denen sie als Grundfische viele Eigenschaften gemeinsam haben. Wir können uns also recht lange am Anblick dieser schönen Edelfische erfreuen.

Auch Schleien neigen dazu, goldfarbene Abarten zu bilden. Diese Goldschleien sehen mit ihren dunklen Augen und ihrer intensiven Goldfärbung sehr schön aus. Lediglich auf dem rotgoldenen Rükken halten sich ein paar schwarze Flekken. Goldschleien verhalten sich wie ihre grünen Verwandten, sie wachsen nur noch etwas langsamer als diese.

Karpfen und Karpfrauschen

Noch mehr als Schleien werden Karpfen (*Cyprinus carpio*) in großen Mengen in Fischzuchtanstalten als Speisefische herangezogen. Dort können wir auch am einfachsten einige junge Karpfen für das Aquarium erhalten. Lassen wir uns etwas Zeit bei der Auswahl der Fische, da diese von der Dichte der Beschuppung her sehr unterschiedlichen Rassen angehören können. Selten wird man Lederkarpfen entdecken, Karpfen, denen fast alle Schuppen weggezüchtet wurden. Auch die Wildform des Karpfens, den Schuppenkarpfen, der noch ein vollständiges Schuppenkleid besitzt, findet man selten. Vom Spiegelkarpfen dagegen lassen sich sehr viele verschiedene Formen feststellen. Diese Karpfenrasse wird am häufigsten gezüchtet. Sie besitzt einzelne größere Schuppen, unregelmäßig über den Körper verteilt. Gelegentlich sind die Schuppen wie an einer Kette entlang der Seitenlinie aufgereiht. Dann haben wir einen Zeilkarpfen vor uns. Wir suchen uns die kleinsten und schönsten Exemplare aus und richten das Aquarium

Bild 35. Der Spiegelkarpfen (*Cyprinus carpio*) besitzt einzelne größere Schuppen. Aufnahme B. Kahl

wie ein Schleienbecken ein, denn Karpfen und Schleien stellen an ihre Umwelt ähnliche Ansprüche. Leider wachsen Karpfen im Aquarium viel schneller als die Schleien. Sie können im ersten Jahr schon 15 Zentimeter lang werden. Spätestens im zweiten Jahr dürften Karpfen für das Aquarium in der Regel zu groß werden. Da die Geschlechtsreife in Deutschland erst im dritten Jahr zu erwarten ist und die Karpfen bis zu diesem Zeitpunkt schon etwa 30 Zentimeter lang sein können, ist an eine Zucht im Aquarium nicht zu denken. Auch im Gartenteich, in Weihern, Seen und Flüssen laichen die Karpfen nicht jedes Jahr ab. Nur in warmen Sommern pflanzen sich bei uns Karpfen in freien Gewässern fort. In ihrer ursprünglichen Heimat zwischen Schwarzem und Kaspischem Meer liegen die frühsommerlichen Wassertemperaturen günstiger, so daß dort jedes Jahr Nachwuchs zu erwarten ist.

In kleinen Teichen, die nicht ablaßbar sind und in denen sich daher der Bestand nicht genau kontrollieren und regulieren läßt, kommt es in warmen Sommern immer wieder einmal zu Kreuzungen zwischen Karpfen und Karauschen. Die Männchen von Karpfen und die der Karauschen treiben ihre Weibchen in flaches, pflanzenreiches Uferwasser, bis sie nach diesem Liebesspiel ihre Eier abgeben. Diese fallen auf die Tauchpflanzen und haften daran fest. Jetzt ergießen die Männchen ihre Milch, also den Samen, ins Wasser, und die Eier werden befruchtet. Dabei kann es nicht ausbleiben, daß Karpfeneier von Karauschenspermien und die Eier der Karauschen von Samenzellen der Karpfenmännchen befruchtet werden. Die Jungtiere, die aus solchen Kreuzungen entstehen, die Karschkarpfen oder Karpfrauschen, zeigen Eigenschaften beider Fischarten. Von den Karauschen geht aber auf die Bastarde die Neigung über, klein zu bleiben und langsam zu wachsen. Dies macht sie als Aquarienfische geeigneter als die schnellwüchsigen Karpfen.

Karauschen

Auch Karauschen (*Carassius carassius*) stellen an ihr Wohngewässer ähnliche Bedingungen wie Karpfen und Schleien. Aber sie nehmen doch darüber hinaus mit viel ungünstigeren Gewässern vorlieb. Teiche, die im Sommer bis auf wenige Wasserlöcher austrocknen, nahrungsarme Grundwassertümpel in Steinbrüchen, nährstoffreiche, aber sauerstoffarme Dorfteiche bieten für Karauschen immer noch eine Überlebenschance. Diese robusten, zählebigen Fische halten es auch in verschmutzten Gewässern aus.

Eine Ursache für diese Zählebigkeit ist mit Sicherheit der geringe Sauerstoffbedarf der Karauschen, eine zweite aber die Fähigkeit, zahlreiche Standortformen zu bilden. So können Karauschen in einem Tieflandsee 50 Zentimeter groß werden, in einem engen Dorfteich dagegen klein bleiben und dennoch geschlechtsreif werden. Ich habe in einem niederbayrischen kleinen Weiher Karauschen beim Ablaichen beobachtet, die nicht länger waren als 15 Zentimeter. Solche Kümmerformen mögen fischereiwirtschaftlich uninteressant sein, für

Aquarien kann man diese Fische aber gut verwenden. Gelegentlich werden kleinere Karauschen mit einem nahen Verwandten dieser Fischart, dem Giebel (*Carassius auratus gibelio*) verwechselt. Von dieser kleineren Unterart der Karausche sollen die Goldfische abstammen. Aber auch Karauschen neigen dazu, Goldvarietäten auszubilden.

Giebel und Goldfische

Giebel und Karauschen lassen sich nur schwer unterscheiden. Große Schuppen geben einen Anhaltspunkt, daß wir einen Giebel (*Carassius auratus gibelio*) vor uns haben. Die Anzahl der Schuppen entlang der Seitenlinie ist beim Giebel mit 27-31 geringer als bei der Karausche (31-35). Meist überwiegt bei Giebel und Goldfisch die Zahl der Weibchen. Dies kommt daher, daß die Eier von Giebel und Goldfisch auch durch die Spermien verwandter Arten zur Entwicklung angeregt werden können. Bei dieser Form der Fortpflanzung, der Weibchenzeugung oder Gynogenese, unterbleibt eine echte Befruchtung. Denn die Spermien etwa einer Karausche können zwar in das Giebelei oder ins Goldfischei eindringen. Es erfolgt aber keine Verschmelzung der beiden Zellkerne und damit keine Vermischung der Erbanlagen. Der Zellkern der Spermienzelle wird aufgelöst, und das Ei entwickelt sich. Der Fisch, der aus dem Ei entsteht, wird ein Weibchen, denn er besitzt ja

Bild 36. Karausche (*Carassius carassius*). Aufnahme B. Kahl

Bild 37. Der Goldfisch soll von einer Unterart der Karausche, dem Giebel (*C. carassius gibelio*), abstammen. Aufnahme B. Kahl

keine Erbanlagen von männlicher Seite, und diese nur bewirken, daß auch Männchen entstehen können. In der Goldfischzucht wird die Gynogenese immer wieder benutzt, um viele gleichartige Weibchen zu erhalten. Man vermeidet dadurch, daß durch die Vermischung der Erbanlagen bei einer echten Befruchtung wertvolle Eigenschaften dieser Weibchen verschwinden oder weniger wertvolle vom Männchen her eingebracht werden.

Karauschen, Giebel und Goldfische lassen sich im Aquarium mühelos halten. Obwohl sie nicht so stark wühlen wie etwa Schleien oder Karpfen, sollte man dennoch auf eine Filterung nicht verzichten. Zur Zucht, die bei Karauschen allerdings nur mit kleinbleibenden Spielarten möglich ist, brauchen wir ein dichtbepflanztes Becken mit klarem Wasser. Dann könnte man ja auch einmal eine Gynogenese versuchen, um vielleicht ein besonders schönes Weibchen reinerbig zu vermehren.

Karauschen werden im dritten Lebensjahr, Giebel und Goldfische bereits im zweiten Jahr geschlechtsreif. Die Männchen dieser Fischarten unterscheiden

Bild 38. Laichpflanzen für Goldfisch, Giebel und Karausche. **1** Quellmoos, **2** Krauses Laichkraut, **3** Kanadische Wasserpest, **4** Frühlings-Wasserstern, **5** Rauhes Hornblatt, **6** Ähriges Tausendblatt.

sich äußerlich kaum von den Weibchen. Als sicheres Kennzeichen gilt das Aussehen der Aftergegend. Weibchen besitzen am After eine kleine Ausbuchtung, weil die kurze Legeröhre hier an die Körperoberfläche tritt. Bei den Männchen erscheint die Aftergegend eher etwas nach innen eingefallen. Auch bei den meisten anderen einheimischen Cypriniden lassen sich so die Geschlechter unterscheiden, sofern die Fische ausgewachsen sind. Es empfiehlt sich, stets einem Weibchen mehrere Männchen zuzuordnen. Denn bei der doch recht unsicheren Außenbefruchtung – die Männchen entlassen ihre Spermien einfach ins Wasser – bedarf es der Geschlechtszellen mehrerer Männchen, um alle Eier eines Weibchens zu erreichen. Damit die Eier nicht auf den Boden fallen, wählen wir Pflanzen aus, die möglichst viele Blätter besitzen, an denen die Eier klebenbleiben können. Eier, die auf den Boden fallen, sind nämlich meistens verloren. Sie werden weniger von frischem, sauerstoffreichem Wasser umspült und fallen auch den Wassertieren zum Opfer, die hauptsächlich auf dem Boden ihre Nahrung suchen, z.B. Schnecken, Wasserasseln und Strudelwürmern. Man sollte zwar solche Tiere gar nicht erst in ein Zuchtbecken bringen, aber gelegentlich gelangen sie doch hinein.

Damit die Eier von den jungen Pflanzen nicht abgestreift werden, fängt man am besten die Elterntiere nach dem Ablaichen heraus. Sie könnten auch Appetit auf Kaviar entwickeln. Wo das Unterbringen der erwachsenen Fische schlecht möglich ist, kann man im Notfall auch statt der Fische die Pflanzen herausnehmen, auf denen die Eier festkleben.

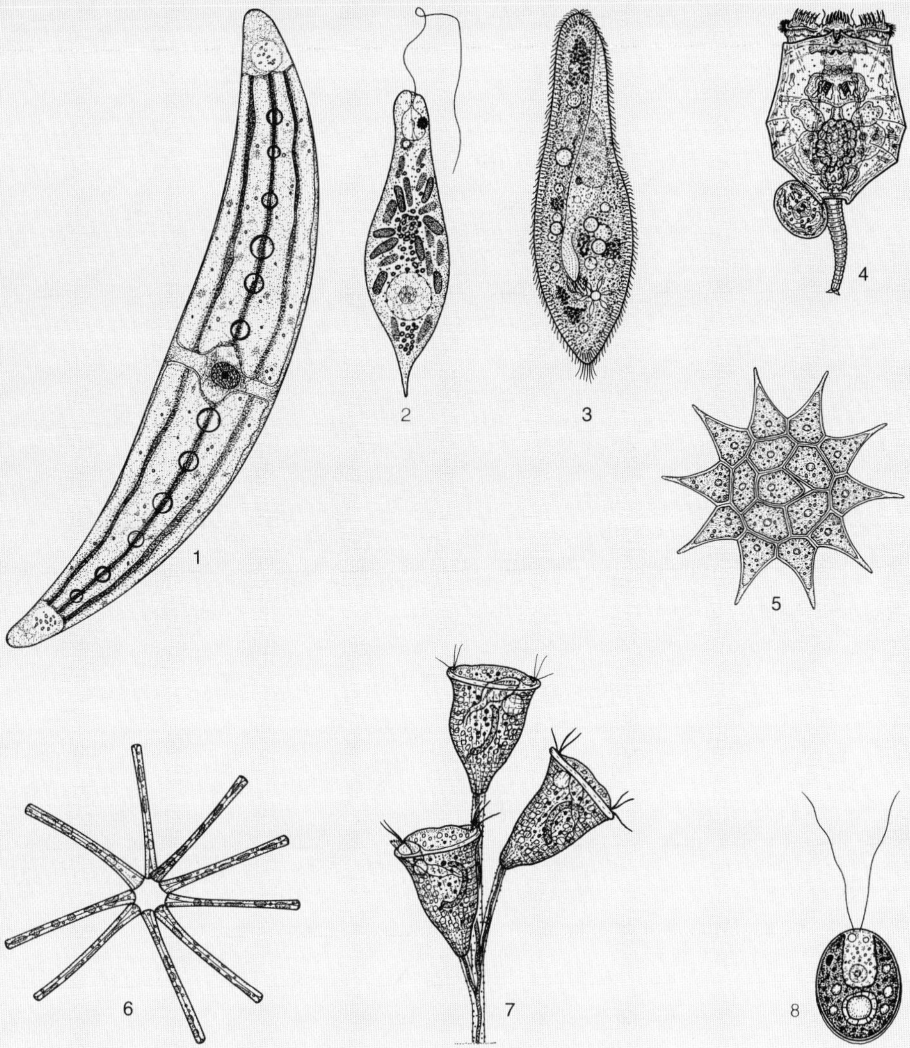

Bild 39. Plankton – erste Nahrung für Jungfische. **1** Mondalge, **2** Augentierchen, **3** Pantoffeltierchen, **4** Rädertier, **5** Zackenrädchen (Algenkolonie), **6** Kieselalge, **7** Glockentierchen, **8** einzellige Grünalge.

Dann sollten wir aber unbedingt das Wasser verwenden, in dem die Eier abgelegt wurden. Eine andere Wasserhärte oder gar gröbere Temperaturschwankungen vertragen die meisten Fischeier ausgesprochen schlecht. Die abgerissenen Pflanzen bilden rasch wieder Wurzeln und wachsen dann normal weiter. Besonders geeignet als Laichpflanzen sind die verschiedenen Tausendblattarten (*Myriophyllum*), das Krause Laichkraut (*Potamogeton crispum*) und die Wasserpest-Arten (*Elodea*).
Auch junge Goldfische hängen zunächst mit Hilfe ihrer Klebedrüsen senkrecht an Pflanzen oder an der Aquarienscheibe und müssen nach dieser Ruhezeit ihre Schwimmblase durch Luftschlucken mit Luft füllen, damit sie waagerecht und schwerelos im Wasser schweben können. Das Gleiche gilt für junge Karauschen, Giebel, Karpfen, Schleien und andere Cypriniden. Die Jungfische ernähren sich wie die frischgeschlüpften Rotaugen zunächst von Einzellern. Davon gibt es normalerweise genügend im Aquarium: Glockentierchen, andere Wimpertierchen, auch einzellige Grünalgen werden gerne genommen. Sind sehr viele Jungfische geschlüpft, dann kann man das Futterangebot erhöhen. Ist ein Teich in der Nähe, so genügt es, einige Tauchpflanzen in klarem Wasser auszuwaschen und von der so gewonnenen grünlichen Flüssigkeit mehrmals täglich einige Tropfen ins Wasser zu schütten. Man kann Einzeller auch im Heuaufguß züchten. Übergießt man Heu von Wiesen aus der Ufernähe eines Gewässers mit Leitungs- oder Teichwasser, so entsteht in wenigen Tagen auf der Wasseroberfläche eine feine Haut. Diese Kahmhaut besteht aus Heubazillen. Sie hafteten als Sporen am Heu und haben sich – wieder ins Wasser gebracht – jetzt rasch vermehrt. Bald treten Einzeller auf, deren Dauerstadien ebenfalls auf dem Heu vorhanden waren. Sie fressen die Bazillen der Kahmhaut. Nach etwa einer Woche wimmelt der Heuaufguß bereits von Einzellern. Vor allem Wimpertierchen treten in Mengen auf. Es genügt jetzt, täglich mehrmals eine Pipette voll aus dem Heuaufguß als Jungfischfutter ins Aquarium zu bringen. Einmal in der Woche füttert man die Einzeller im Heuaufguß mit einem Tropfen Kondensmilch. Die dadurch entstehende leichte Trübung verschwindet, wenn die Kondensmilch von den Einzellern als Nahrung aufgenommen wurde. Wenn das Heu zu faulen beginnt, ist auch der Heuaufguß erschöpft und muß erneuert werden. Meistens nehmen die Jungfische zu dieser Zeit aber bereits Trockenfutter und junge Wasserflöhe an.
Junge Goldfische sind wie ihre Stammform, die Giebel, zunächst einförmig olivgrün bis goldbraun gefärbt. Erst wenn sie nach mehreren Monaten so um die drei Zentimeter messen, beginnt die Farbe der Giebel einer Goldfärbung zu weichen. Jetzt können wir bald erkennen, welche von unseren Goldfischen besonders schön und daher zur Weiterzucht geeignet sind. Bei den jungen Goldfischen entstehen immer wieder neue Farbkombinationen: rote Fische, goldglänzende, rotsilberne, gefleckte und fast schwarze, um nur einige zu nennen. Einige Jungfische behalten allerdings ihre Jugendfärbung bei. Bei ihnen

hat sich die Naturform des Giebels wieder durchgesetzt.

Bild 40. Bitterlinge (*Rhodeus amarus*) im Hochzeitskleid. Aufnahme B. Kahl

Bitterlinge und Muscheln

Wie die Goldfische gehören auch die viel kleineren Bitterlinge (*Rhodeus amarus*) zu den ältesten Aquarienfischen überhaupt. Sie werden auch noch regelmäßig in Zoohandlungen angeboten. In der Natur sind Bitterlinge seltener zu finden. Sie können sich nämlich in ihren Heimatgewässern nur fortpflanzen, wenn dort gleichzeitig Teich- oder Malermuscheln leben (*Unio, Anodonta*). Und diese Muscheln sind in unseren belasteten Gewässern mancherorts schon sehr selten geworden. Man kann also umgekehrt sagen: Wo heute noch Bitterlinge vorkommen, muß die Wasserqualität noch annehmbar sein.

Bitterlinge bleiben meist kleiner als 8 Zentimeter, so daß sie auch in weniger geräumigen Aquarien Platz finden. Sie brauchen aber auch in solch einem Bekken viel Schwimmraum. Man hält daher die Bepflanzung am besten etwas im Hintergrund. Dies gefällt auch den Muscheln besser. Sie graben sich gern tief in den sandigen oder feinkiesigen Grund ein, den ein solches Becken haben muß, unternehmen aber immer wieder auch Wanderungen. Dabei würden sie die Tauchpflanzen entwurzeln. Im Hintergrund, nahe der Glasscheibe gepflanzt, bieten die Tauchpflanzen den Muscheln weniger Angriffsfläche.
Muscheln beschaffen sich dadurch Nahrung, daß sie einen Wasserstrom erzeugen. Das Wasser strömt durch die untere Öffnung am Hinterende des Tieres ein und verläßt es wieder durch die obere Öffnung. Aus dem Wasser entnehmen die Kiemen den gelösten Sauerstoff und Nahrungsteilchen: Zerreibsel (Detritus) und Plankton. Die Nahrungsteilchen bleiben an der Kiemenschleimhaut hängen und werden von dort dem Mund zugeführt. Muscheln filtern also durch ihre Lebenstätigkeit das Wasser und reinigen es von fäulnisfähigen organischen Stoffen. Bitterlinge nützen den ständigen Wasserstrom, der durch die Kiemen der Muscheln fließt, zur Brutfürsorge aus. Zur Laichzeit im Frühling legen die Weibchen mit Hilfe einer etwa 4 cm langen Legeröhre nach und nach etwa 40 Eier in die Ansaugöffnung der Muschel. Auch die Spermien des Männchens werden von der Muschel aufgenommen. Die Befruchtung erfolgt in den Kiemenräumen der Muschel. Dort entwickeln sich auch die Eier zu Jungfischen. Eier und Junge haben im Kiemenraum der Muschel Schutz, Sauerstoff und Nahrung, denn all das bietet ihnen das Muscheltier unfreiwillig durch seine Lebenstätigkeit. Erst dann, wenn die jungen Bitterlinge den Gefahren der Umwelt einigermaßen gewachsen sind, verlassen sie die schützende Muschel. Diese hat durch den Aufenthalt der Fischchen keinen Schaden erlitten.
Diese besondere Art der Fortpflanzung kann man ohne weiteres im Aquarium beobachten. Dabei fällt besonders das Männchen der Bitterlinge auf, das zur Laichzeit ein farbenprächtiges, schillerndes Hochzeitskleid anlegt.
Natürlich gibt es auch bei der Zucht der Bitterlinge einen Haken. Und der liegt bei den Muscheln. Diese lassen sich im Aquarium nicht gerade leicht am Leben erhalten. Stirbt aber eine Muschel ab, so zersetzt sich das weiche Muschelfleisch sehr schnell und verpestet das Wasser. Man muß also auf der Hut sein und täglich die Muscheln beobachten, ob sie noch leben. Dies geschieht am besten mit einem Stäbchen. Berührt man eine lebende Muschel, so schließt diese ihre Schalen. Wenn man den Tod der Muschel erst bemerkt, wenn die Schalen auseinanderklaffen, dann ist das Wasser meist schon vergiftet.
Um die Muscheln am Leben zu erhalten, sollte man das Wasser nicht fortwährend filtern. Denn der Filter entzieht dem Wasser ja die Stoffe, die die Muscheln als Nahrung aufnehmen. Man sollte den Filter also nur einschalten, wenn dies wegen aufkommender Wassertrübung geboten erscheint. Gelegentliche Gaben

Bild 41. Das Bitterlingsweibchen legt seine Eier in eine Malermuschel. Rechts das Männchen.

von Plankton aus ausgewaschenen Tauchpflanzen tragen sehr zur Gesundheit der Muscheln bei. Die Bitterlinge selbst und ihre Jungen bieten bei der Aufzucht keine Schwierigkeiten. Wenn sie die schützende Muschel verlassen, sind sie bereits so groß, daß sie Aufzucht-Trockenfutter aufnehmen können.

Fröschen und Kröten auf der Spur

Der Bestand an einheimischen Lurchen ist in den letzten Jahren weiter zurückgegangen. Einige der Hauptursachen dieser bedauerlichen Entwicklung sind bekannt: Feuchtgebiete werden trockengelegt, Uferzonen verbaut oder zu intensiv vom Menschen genutzt, verbleibende Teiche und Weiher in Angelgewässer umgestaltet, so daß die Kaulquappen der Frösche und die Molchlarven von den Fischen gefressen werden. Besonders einschneidend wirkt sich das übermäßige Anwenden von chemischen Schädlingsbekämpfungsmitteln aus, denn hierdurch werden die Lurche gleich mehrfach geschädigt. Fressen sie Insekten, die Insektizide in sich aufgenommen haben, so reichert sich in ihrem Körper das Gift zu bedrohlichen Konzentrationen an. Trifft das Gift die ungeschützte, schleimige Haut der Lurche direkt, dann sind meist Entzündungen die Folge. Wo noch regelmäßig Frösche ablaichen, werden oft die Jungfrösche, wenn sie den Teich verlassen, durch die überall häufigen Amseln aufgefressen. Schließlich kommen viele Lurche bei ihren jährlichen Wanderungen zu den Laichgewässern ums Leben.

Doch die Situation scheint sich zu bessern. In vielen Gegenden werden neue Feuchtgebiete angelegt, vorhandene in ihrem Bestand gesichert. Auch das Anlegen von zahlreichen Gartenteichen kann den Amphibien bedingt nützen, wenn nämlich die Gartenbesitzer ihren Gartenteich durch Flachwasserzonen so gestalten, daß Amphibienlarven Gebiete finden, wo sie vor dem Zugriff der Gartenteichfische sicher sind. Denn ganz wird wohl kaum ein Gartenbesitzer auf ein paar Fische für den Gartenteich verzichten, nur damit dort ein paar Frösche oder Kröten ablaichen können. Ideal wäre es, in größeren Gärten zwei Teiche anzulegen, einen Fischteich und einen Tümpel für Amphibien. Sollte es in der betreffenden Gegend noch Lurche geben, so nehmen sie das neue Gewässer mit Sicherheit an. Es hat dagegen wenig Sinn, irgendwo ausgewachsene Frösche, Kröten oder Molche zu fangen und im Gartenteich auszusetzen. Die Tiere, auf ihre Heimatgewässer geprägt, würden in den meisten Fällen abwandern. Laich dagegen, der sich in einem neuen Gewässer entwickelt oder junge Kaulquappen, die noch keine Hinterbeine haben, lassen sich recht gut in ein neues Gewässer umsetzen. Bei Fröschen dauert es allerdings etwa vier Jahre, bis sie als geschlechtsreife Tiere an den neuen Teich zum Ablaichen zurückkehren. Bei Molchen muß man nur zwei Jahre warten. Bei solchen Umsetzversuchen muß natürlich gewährleistet sein, daß das neue Feuchtgebiet lange genug Bestand haben wird. Besonders Gartenteiche dürfen dann nach einigen Enttäuschungen nicht wieder zugeschüttet werden.

Die Aufzucht von Amphibienlarven im Aquarium ist leicht, interessant und kann durchaus dem Artenschutz dienen. Denn in der freien Natur hat nach vorsichtigen Schätzungen nur eine von tausend Kaulquappen die Chance, ein ausgewachsener, geschlechtsreifer Frosch zu werden. Wenn man ein bißchen aufpaßt, sind die Verluste im Aquarium oder in einem Froschtümpel im Garten

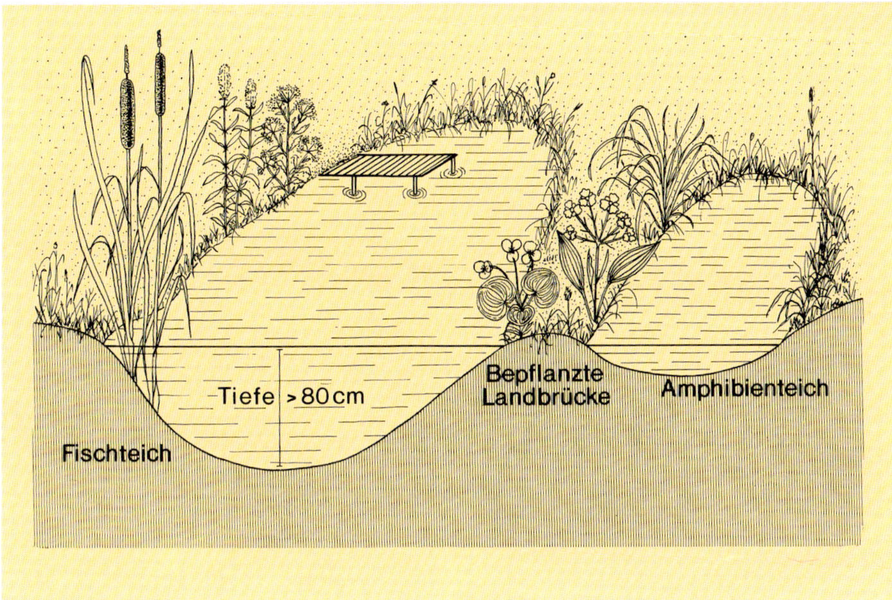

Bild 42. Ein amphibiengerechter Gartenteich.

viel geringer, da viele natürlichen Feinde fehlen. Bei der Entnahme von Eiern, Larven oder ausgewachsenen Amphibien sind die Naturschutzbestimmungen zu beachten.

Frösche und Kröten

Wer einen Grasfrosch, eine Erdkröte oder einen Laubfrosch zu Hause beobachten will, sollte das Tier in einem Terrarium unterbringen. Denn Aquarien sind dafür wenig geeignet. Die vier Glaswände verhindern einen Luftaustausch, so daß über dem Boden eine muffige, stickige Luft lagert, die für die Gesundheit der Tiere nicht gerade förderlich ist. Gute Terrarien besitzen Einrichtungen zum Luftaustausch. Meist wird eine Seite nicht bis zum Beckenrand verglast, sondern zur Hälfte. Darüber sorgt ein feinmaschiges Gitter für guten Luftaustausch. Auch als Abdeckung sollte ein solches Gitter verwendet werden. Feuchte Luft, die die Frösche zum Leben brauchen, ist auch in diesen Terrarien noch ausreichend vorhanden.

Obwohl Frösche sich außerhalb der Laichzeit weit von ihren Heimatgewässern entfernen, sollte man im Terrarium auf einen kleinen Wasserteil nicht verzichten, er erhöht die Luftfeuchtigkeit. Land- und Wasserteil müssen aber wasserdicht getrennt sein. Dies erreicht man

am einfachsten durch das Eingraben einer flachen Plastikschale. Man sollte diese Lösung dem Gestalten eines Uferstreifens mit Wasserteil vorziehen. In dem nassen Boden würden nur Sumpfpflanzen gedeihen. Sümpfe sind aber nicht die Gebiete, in denen sich Frösche oder Kröten außerhalb der Laichzeit aufhalten. Außerdem fault der Bodengrund in einem sumpfigen Ufer schnell, das Wasser läßt sich nur schwer wechseln und wird durch Einschwemmung vom Bodengrund her und durch die Exkremente der Tiere leicht zu Abwasser. Das Auswechseln der Plastikschale dagegen macht kaum Schwierigkeiten, so daß immer frisches Wasser im Terrarium vorhanden ist. Da der Landteil bei einem solchen Terrarium kein „Grundwasser" führt, kann normale Blumenerde auf etwas Kies eingebracht und dicht bepflanzt werden. Man muß für ein Terrarium im Zimmer allerdings Pflanzen wählen, die auch mit wenig Licht auskommen oder die Bepflanzung häufig erneuern. Für Laubfrösche, die gerne klettern, sollten wir einige starke, verzweigte Äste einbringen, für die Kröten eine Handvoll Regenwürmer im Landteil freilassen. Diese lockern den Boden und dienen den Kröten als Nahrung. Auch einige Kellerasseln gehören in den Landteil. Sie fressen organische Reste, lockern den Boden und deuten die Vielfalt der Bodenlebewesen an, die in der Natur den Boden durch ihre Lebenstätigkeit

Bild 43. Pflanzen für ein Uferaquarium. **1** Brunnenkresse, **2** Berle, **3** Zungen-Hahnenfuß, **4** Froschlöffel, **5** Pfeilkraut.

bilden und verbessern. Einige Bodentiere sind für Kröten und Frösche auch als Nahrung interessant, zum Beispiel Ohrwürmer, Bodenspinnen und verschiedene Tausendfüßler. Laubfrösche sind mehr an Mücken, Fliegen und Bremsen interessiert.

Paarung und Ablaichen lassen sich viel eher im Gartenteich beobachten. Selbst beim Laubfrosch müßte ein Terrarium für eine erfolgreiche Zucht schon sehr groß sein und einen entsprechend großen Wasserteil besitzen. Laubfrösche haben sich schon wiederholt in Gefangenschaft fortgepflanzt, allerdings in sehr großen Terrarien, die im Garten, auf Terrassen oder auf Balkons aufgestellt waren. Eine erfolgreiche Zucht im Zimmerterrarium ist mir nicht bekannt. In der Natur legen Laubfrösche ihre Eier in walnußgroßen Klumpen in Teiche oder Kleingewässer mit dichter Unterwasservegetation. Der Wasserteil des Terrariums sollte daher zur Laichzeit im Mai/Juni den natürlichen Verhältnissen angeglichen werden. Für die Aufzucht der Kaulquappen eignet sich ein Uferaquarium besser. Dazu bauen wir aus Kies und einigen flachen Steinen eine sanft ansteigende Uferlandschaft. Diese kann unter dem Wasserspiegel mit Tausendblatt (*Myriophyllum*) und Quellmoos (*Fontinalis*), auf dem Landteil mit Brunnenkresse, Pfennigkraut, Froschlöffel oder Pfeilkraut besetzt werden. Diese Sumpfpflanzen setzen wir am besten in kleine Töpfe mit lehmiger Erde, dann gedeihen die Pflanzen besser. Natürlich können auch andere Pflanzen für ein solches Kaulquappen-Aquarium benutzt werden. Man sollte aber nicht die Ufer von Teichen nach diesen Pflanzen absuchen und sie dann ausgraben. Fast alle Arten einheimischer Sumpf- und Wasserpflanzen sind für wenig Geld in Wasserpflanzengärtnereien zu haben.

Ist das Aquarium vorbereitet, dann kann es mit Froschlaich besetzt werden. Wir sollten nur kleine Teile eines Laichballens nehmen. Die etwa 4000 Eier eines Laichballens vom Grasfrosch würden sich im Aquarium fast alle zu Kaulquappen entwickeln. Eine solche Menge könnten wir nicht ernähren. Außerdem würden wir damit das Heimatgewässer

Bild 44. Kaulquappen. **1** Gelbbauchunke, **2** Erdkröte, **3** Laubfrosch, **4** Grasfrosch.

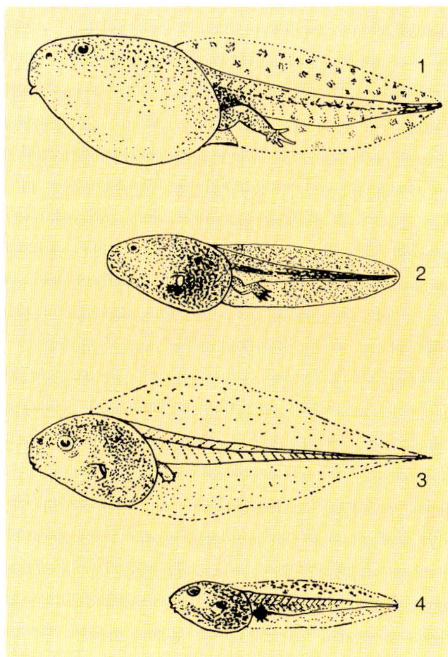

der Frösche schädigen und gegen die Naturschutzbestimmungen verstoßen. Auch vom Krötenlaich, der im Gegensatz zum Froschlaich in Form von Schnüren an Wasserpflanzen abgelegt wird, sollte nur ein kleines Stück ins Aquarium eingesetzt werden.

Frisch abgelegter Froschlaich besteht aus kleinen, kompakten Ballen. Diese müssen ja auch im Körper des Weibchens Platz gehabt haben. Die großen Laichballen, die wir im Gewässer sehen, entstehen beim Grasfrosch durch Aufquellen der gallertigen Masse, in die die einzelnen Eier eingeschlossen sind. Diese großen Laichballen schützen die Eier nicht nur vor dem Gefressenwerden. Sie gleichen auch Temperaturschwankungen aus. Die gallertige Masse dient auch zur Ernährung der Keime. So brauchen wir erst für Futter sorgen, wenn sich die jungen Kaulquappen aus der Gallerthülle befreit haben. Sie besitzen jetzt am Kopf büschelförmige Außenkiemen, atmen also noch nicht durch die Lunge.

Kaulquappen lassen sich leicht ernähren. Sie weiden den Algenbelag von Steinen ab, fressen Detritus, sind aber auch mit einigen Flocken Trockenfutter zufrieden, die anfangs allerdings fein zerrieben dargeboten werden sollten. Mit zunehmender Größe bilden sich bei den Kaulquappen die Außenkiemen zurück und werden durch Innenkiemen ersetzt. Jetzt nehmen die Kaulquappen zwar immer noch ihr Babyfutter an, verkraften aber auch schon habhaftere Brocken. Ein Stückchen Fischfleisch oder ein kleiner toter Fisch bleiben nicht lange liegen, auch Regenwurmstückchen oder rohe Leber werden gern gefressen. Pflanzliche Kost ist allerdings immer noch gefragt, und als Nachspeise schlürfen die Kaulquappen gern Einzeller und Bakterien in sich hinein, die sich vielleicht als Kahmhaut an einer stillen Ecke des Aquariums angesammelt haben.

Mit der Entwicklung der Hinterbeine setzt die Lungenatmung ein, und wir sehen unsere Kaulquappen immer häufiger zum Luftschlucken an die Wasseroberfläche schwimmen. Nun wird der flache Landteil wichtig, denn bald verlassen die jungen Frösche das Wasser. In der Natur machen sie jetzt Jagd auf allerlei Kleininsekten, die wir ihnen in größeren Mengen nur schwer beschaffen können. Hier kann eine Zucht der kleinen Obstfliege *Drosophila* weiterhelfen. Als Zuchtgefäß dient ein Gurkenglas, dessen Boden mit etwa 100 g einer Mischung aus Apfelmus und Haferbrei bedeckt wird. Dieser Futtermischung kann man noch 2,5 g Nipagin zur Vorbeugung gegen Schimmelbildung hinzufügen. Die Obstfliegen suchen das Zuchtgefäß von selbst auf, wenn man es offen stehen läßt. Man kann sich aber auch einen Zuchtansatz der stummelflügeligen, also flugunfähigen Form kaufen. Sind die Fliegen im Gurkenglas, so legen wir noch einen Streifen Fließpapier hinein. Darauf können sich die Fliegen niederlassen. Dann verschließen wir das Gefäß mit einem Wattebausch. Bald sind die ersten Eier abgelegt, nach etwa 10 Tagen zeigen sich bei Zimmertemperatur schon die Maden.

Die Verpuppung erfolgt um den 15. Tag nach der Eiablage, nach etwa drei Wochen können wir die ersten geschlüpften Fliegen verfüttern. Es empfiehlt sich daher, rechtzeitig mit der Zucht von *Drosophila* zu beginnen. Die jungen Frösche wachsen bei dieser Fütterung rasch heran. Im Herbst sollten wir sie in der Nähe eines Gewässers aussetzen, damit sie sich einen Platz zum Überwintern suchen können.

Bild 45. Teichmolche (*Triturus vulgaris*), oben Männchen, unten Weibchen. Aufnahme B. Kahl

Ein Aquarium für Molche

Alle unsere einheimischen Molche halten sich vornehmlich zur Laichzeit im Wasser auf, also je nach Klima von Februar/März bis in den Juni hinein. Danach verlassen sie die Teiche, Gräben und Pfützen wieder. Nur unser größter Molch, der Kammolch, bleibt oft noch länger im Wasser. Während die Teichmolche fast überall noch anzutreffen sind, kommen die Bergmolche mehr zerstreut vor; sie bevorzugen waldreiches

Bild 46. Bergmolche (*Triturus alpestris*) im Hochzeitskleid. Aufnahme B. Kahl

Bild 47. Larve des Bergmolchs. Aufnahme D. Schmidtke

Hügelland. Auch Fadenmolche besiedeln mehr die Wälder im Bergland, während Kammolche oder Teichmolche auch in den Ebenen anzutreffen sind.

Zur Paarungszeit legen die Männchen ein Hochzeitskleid an und bekommen als Anpassung ans Wasserleben einen Hautsaum um den Schwanz. Der häutige Rückenkamm, der beim Kammolch am mächtigsten, beim Bergmolch kaum ausgebildet ist, bildet sich nach dem Verlassen des Wassers am Ende der Paarungszeit wieder zurück. Da nur die Molchmännchen nennenswerte Rückenkämme ausbilden, scheint es sich bei diesem Rückenschmuck um ein Werbesignal zu handeln, das den Weibchen imponieren soll.

Alle einheimischen Molche lieben ruhige, pflanzenreiche Gewässer, weil sie dort vor vielen natürlichen Feinden sicher sind. Raubfische verirren sich kaum in das Dickicht der Tauchpflanzen, und auch Wasservögel entdecken sie dort selten. So meiden Molche das freie Wasser, und auch die Larven verlassen die Wasserpflanzenbestände nie freiwillig. Sie atmen durch büschelartige Außenkiemen, können daher stets unter Wasser bleiben. Die ausgewachsenen Molche

dagegen müssen in regelmäßigen Abständen auftauchen, denn sie atmen durch Lungen.
Während die Molche und ihre Larven vor Raubfischen relativ sicher sind, haben sie gegen den Gelbrandkäfer und seine Larve keine Chance.
Wir richten den Molchen ein Becken ein, das ihren Ansprüchen an ihre Heimatgewässer entgegenkommt. Bei der dichten Bepflanzung achten wir darauf, daß genügend Tauchpflanzen mit band- oder grasförmigen Blättern dabei sind. Molche haben nämlich die Eigentümlichkeit, ihre Eier einzeln abzulegen. Dazu knickt das Weibchen mit den Beinen ein Blatt so ein, daß eine Tasche entsteht, die das Ei aufnimmt. Grasähnliche Pflanzen werden dabei eindeutig bevorzugt, zum Beispiel das Krause Laichkraut, der Wasserschwaden oder eben auch Gräser, die ins Wasser hineinhängen. Wenn das Weibchen seine Eier ablegt, sind diese bereits befruchtet. Das Männchen hat oft schon Tage vorher ein Spermienpaket auf dem Gewässerboden abgelegt, das Weibchen hat diesen Spermienvorrat aufgenommen und kann nun die Eier selbst befruchten. Die Männchen kümmern sich nicht mehr um ihr Weibchen, sie sind bereits wieder auf Brautschau. Nur für die ausschlüpfenden Larven zeigen sie wieder Interesse, sie betrachten sie allerdings nur als Beutetiere. Da auch die Weibchen nach der Eiablage nicht ganz liebevoll mit den Larven umgehen, fangen wir die erwachsenen Tiere am besten nach der Eiablage heraus und setzen sie in ihr Wohngewässer zurück. Alle einheimischen Molche stehen nämlich unter Naturschutz.

Bild 48. Gelbrandkäfer sind – für sich gehalten – interessante Aquarienbewohner. Aufnahme B. Kahl

Je nach Wassertemperatur schlüpfen nach etwa drei Wochen die Larven aus den Eiern. Sie sehen den ausgewachsenen Tieren entfernt ähnlich. Mit den großen, büschelförmigen Außenkiemen nehmen sie Sauerstoff auf. Das Maul, bereits zu Beginn der Entwicklung weitgespalten, kann gleich handfeste Brokken verschlingen. Wir füttern *Tubifex, Cyclops* oder kleine Wasserflöhe.
Im September/Oktober verlassen die jungen Molche das Wasser. Sie atmen jetzt durch Lungen und suchen Gebüsch, feuchte Wiesen oder Waldränder auf, um sich dort für die Winterstarre zu ver-

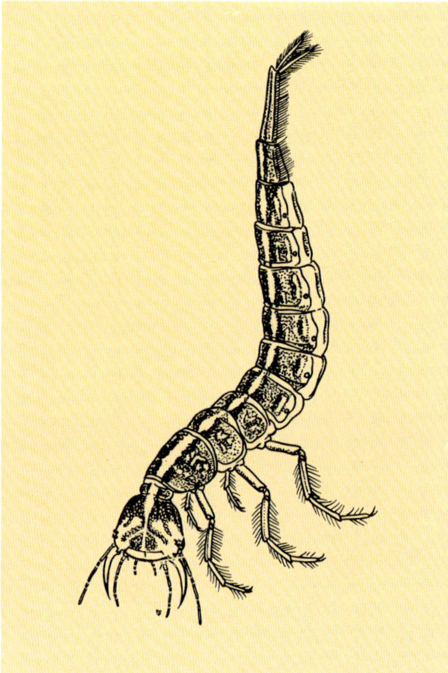

Bild 49. Larve des Gelbrandkäfers.

kriechen, bis die warme Märzsonne die etwa 4 cm kleinen Jungmolche zu neuem Leben weckt.
Im Aquarium müssen die Jungmolche eine Korkinsel oder einen aus dem Wasser ragenden flachen Stein zur Verfügung haben, bevor sich ihre Außenkiemen zurückbilden. Auf diese Weise müssen wir nicht ständig kontrollieren, wie weit die Entwicklung bei den jungen Molchen fortgeschritten ist. Mit der Lungenatmung wächst bei den Tieren das Bedürfnis, das Wasser zu verlassen. Sie sammeln sich auf dem Stein oder auf der Korkinsel und müssen nun in ein Terrarium eingesetzt oder besser in die Natur zurückgebracht werden. So haben sie an den warmen Herbsttagen noch die Möglichkeit, ihr neues Revier kennenzulernen und eine geeignete Überwinterungsmöglichkeit zu finden. Besonders wichtig ist das Aussetzen im Spätsommer oder Herbst, wenn man die Molche an Gewässern ansiedeln will, wo es bisher noch keine oder zu wenig davon gab. Sie bleiben viel eher an dem neuen Teich, wenn sie im Herbst ausgesetzt werden. Wahrscheinlich sagt ihnen ihre „innere Uhr", daß es zu unsicher wäre, zur fortgeschrittenen Jahreszeit noch auf Wanderschaft zu gehen. So bleiben sie. Im Frühjahr besteht eine solche Hemmung nicht. Aussetzen im Herbst ist auch für andere Tierarten zu empfehlen. Will man die jungen Molche dennoch in Gefangenschaft überwintern, so brauchen sie ein Terrarium, das mit verrottetem Laub oder mit Moos gefüllt ist. Es müßte im kühlen Keller stehen und einmal pro Woche mit einem Wäschesprenger befeuchtet werden. Man kann junge Molche sogar den ganzen Winter über im Terrarium weiterpflegen, sie mit kleinen Regenwürmern und Enchyträen füttern. Die Winterstarre fällt dann aus. Da die winterliche Aktivität jedoch nicht dem natürlichen Lebensrhythmus der Molche entspricht, sollte man lieber von solchen Experimenten absehen, auch dann, wenn sie den Tieren nicht schaden.
Gelegentlich trifft man Molchlarven an, die ihre Außenkiemen behalten und sich nicht von der Larvenform zu erwachsenen Tieren verwandeln. Meist handelt es

sich zudem um Albinos, schön orange gefärbte Tiere, denen die dunklen Farbpigmente fehlen. Ich habe einmal eine solche Larve gefunden und fast ein Jahr lang im Aquarium gehalten. Sie erreichte schließlich die Größe eines ausgewachsenen Tiers, verwandelte sich aber nicht. In meinem Gartenteich, in den ich das Tier später aussetzte, konnte ich es noch ein Jahr lang beobachten. Auch jetzt trat keine Verwandlung ein. Im dritten Jahr verlor ich die Riesenmolchlarve aus den Augen. So bleibt ungewiß, ob sie sich nicht doch noch zu einem richtigen Molch entwickelt hat.

Bild 50. Begradigtes Ufer eines Flusses (Neckar bei Stuttgart). Aufnahme D. Schmidtke

An den Ufern von Strömen und Wasserstraßen

Die großen Wasserstraßen sind nicht als einheitliche Lebensräume für unsere einheimischen Wassertiere zu betrachten. Im Staubereich oberhalb der

Schleusen entsprechen diese Gewässer mit ihrem stillen, trüben Wasser der Brassenregion natürlicher Ströme. Gleich hinter einer Staustufe, wo das Wasser über Wehranlagen stürzt, sich mit Sauerstoff anreichert und anschließend noch mehrere hundert Meter weit ziemlich schnell fließt, können wir das Wasser mit den Verhältnissen in der Barbenregion vergleichen. Kanäle schließlich ohne nennenswerte Wasserströmung kommen wieder eher der Brassenregion nahe.

Allen Wasserstraßen gemeinsam sind bestimmte Faktoren, die durch die Schiffahrt bedingt sind: Befestigte Ufer aus Steinschüttungen oder Betonplatten überwiegen gegenüber natürlichen Uferpartien. Sie werden von den Wellen der vorbeifahrenden Schiffe regelmäßig überspült. Moose und Algen besiedeln diesen Lebensraum. Sie wachsen mit ihren Haftorganen fest auf dem Gestein oder auf Beton, so daß sie nicht fortgespült werden können. Knapp über der Linie, die durch die Wellen der Schiffe regelmäßig feuchtgehalten wird, siedeln sich trockenheitliebende Stauden an. Zu ihnen gehören Blütenpflanzen wie Berufskraut und Wiesenflockenblume, die durch ihren Blütennektar Insekten anlocken. Zwischen Feuchtgebiet und Trockengürtel haben einige Sumpfpflanzen eine Chance: Weidenbüsche, Blutweiderich und vor allem die Wasserschwertlilie können an günstigen Stellen Horste bilden. So zeigen die Ufer unserer Wasserstraßen oft ein recht vielseitiges Pflanzenleben, das wiederum eine artenreiche Insektenwelt zur Folge hat. Ein weiteres Kennzeichen schiffbarer Gewässer dürfte die Armut an echten Tauchpflanzen sein. Dies hat seinen Grund einerseits in der Verschmutzung dieser Gewässer, andererseits in der Konstruktion des Flußbettes. Denn von der Uferbank aus Steinschüttungen oder Beton fällt das Ufer steil ab zur Fahrrinne, die zum Beispiel im Neckar eine garantierte Wassertiefe von 2,40 Meter aufweisen muß. In der ebenen Fahrrinne besteht der Gewässerboden je nach Untergrund und Strömungsgeschwindigkeit aus Kies oder Schlamm. Im Dämmerlicht über einer Wassersäule von über zwei Metern können Tauchpflanzen nicht mehr gedeihen. Sie erhalten einfach zu wenig Licht bei dem trüben Wasser. Die Sauerstoffversorgung des Gewässers erfolgt also vornehmlich durch die Algen der Uferzone und durch die Wasserbewegungen, die vom Wind und von den Schiffen verursacht wird.

Überlegen wir, welche Auswirkungen diese Verhältnisse auf das tierische Leben in einer solchen Wasserstraße haben, so ergeben sich folgende Besonderheiten:

Einer dichtbesiedelten Uferzone steht die relativ leere Fahrrinne gegenüber. Gebiete unterhalb von Schleusen oder Stauwehren sind infolge der besseren Sauerstoffversorgung von Wassertieren bevorzugt, ebenfalls alle Einmündungen von Bächen oder Flüssen.

Was die Besiedlung mit Wassertieren anbelangt, so muß mit einer großen Vielfalt von Lebewesen gerechnet werden, wenn die Vergiftung durch Abwässer nicht zu stark fortgeschritten ist. Denn zunächst leben in einem solchen Gewässer die Tiere, denen es gelungen ist, sich an die neuen Verhältnisse in einer Wasserstraße anzupassen, als der ehemalige Fluß in eine kanalisierte Strecke verwandelt wurde. Gründlinge, sonst Bewohner schnellfließender, klarer Bäche, haben zum Beispiel im Neckar diese Anpassung vollzogen und kommen dort heute massenhaft vor, desgleichen Lauben und Rotaugen. Zu diesen Tieren kommen alle diejenigen Organismen, die von Wassergeflügel eingeschleppt werden, sei es, daß Eier, an den Federn hängend, transportiert wurden oder daß in den Ausscheidungen dieser Vögel lebensfähige Dauerformen von tierischen Organismen die Wasserstraße erreichten und sich hier behaupten konnten. Schließlich können in unseren großen Wasserstraßen Einwanderungen aus Bächen, Nebenflüssen, ja sogar vom Meer her erfolgen. So jagen zum Beispiel die recht sauerstoffbedürftigen Regenbogenforellen regelmäßig im Neckar, ziehen sich aber stets wieder in die gesünderen, sauerstoffreicheren Nebenflüsse zurück. Man darf auch nicht übersehen, daß Aquarianer immer wieder überzählige oder zu groß gewordene Kaltwasserfische den Wasserstraßen anvertrauen, in der Hoffnung, daß sie dort weiterleben. Auf diese Weise kamen zum Beispiel Sonnenbarsche, Zwergwelse, Goldorfen und sogar Goldfische in den Neckar, die inzwischen dort einen festen Bestand ausbilden konnten. In anderen Wasserstraßen dürften die Verhältnisse ähnlich liegen. Löscht eine Umweltkatastrophe das tierische Leben in einem Schiffahrtsweg aus, so erfolgt aus den genannten Gründen auch eine schnellere Regeneration als etwa in einem kleinen Bach. Schon ein einfaches Holzwehr kann in einem Bach jede Neubesiedlung nahezu unmöglich machen. Die Wasserstraße mit ihrer Vielzahl von Besiedlungsmöglichkeiten erholt sich schneller.

Aale als Gäste im Aquarium

Wer in der Nähe der großen Ströme wohnt, die in die Nordsee münden, kennt das alljährlich sich im Frühjahr wiederholende Schauspiel der Glasaalwanderung. Diese durchsichtigen, etwa 6 cm langen Jungaale (*Anguilla anguilla*) sind bereits fast vier Jahre alt. Drei Jahre brauchten sie allein, um vom Sargassomeer, wo sie aus den Eiern schlüpften, im warmen Wasser des Golfstroms bis in die Nordsee zu treiben. Etwa 6000 Kilometer haben die Aallarven bis dahin zurückgelegt, sich von einer weidenblattähnlichen Form in den bekannten Glasaal verwandelt und drängen jetzt in so dichten Scharen flußaufwärts, daß man sie oft mit der Hand aus dem Wasser schöpfen kann. Bei ihrer Wanderung flußaufwärts werden die Glasaale in großen Mengen gefangen und ins Binnenland transportiert. Sammelstellen, meist Fischzuchtbetriebe, nehmen Bestellungen von Anglervereinen auf und verteilen so die jungen Aale weiter. Diese erreichen auf diese Weise Gewässer, die ohne die Arbeit der Fischereivereine aalfrei wären, zum Beispiel die Donau und ihre Nebenflüsse. Selbstverständlich werden Jungaale auch in Seen, größeren Teichen und Kanälen ausgesetzt.
Nicht jeder kann sich ein paar Glasaale fürs Aquarium selbst fangen. Wir besor-

gen uns einige von Fischzuchtbetrieben oder vom örtlichen Anglerverein. Als Bodengrund wählen wir Kies, für die Bepflanzung stark wurzelnde Tauchpflanzen, zum Beispiel *Vallisneria* und *Myriophyllum*. Einige flache, hohlaufliegende Steine kommen den Bedürfnissen der Aale nach dunklen Unterständen entgegen. Den gleichen Dienst leisten Moorwurzeln.

Sind die Glasaale im Aquarium, so müssen wir durch einen Fütterungsversuch mit Wasserflöhen oder *Cyclops* feststellen, ob sie schon Nahrung zu sich nehmen. Möglicherweise haben sie nämlich ihre Hungerperiode noch nicht beendet, die mit der Umwandlung von der weidenblattähnlichen Aallarve zum Glasaal eingesetzt hat. Meist beginnen die Glasaale wieder zu fressen, wenn sich in den durchsichtigen Körpern die ersten Pigmente einlagern. Es kommt aber auch vor, daß sie von Anfang an Nahrung zu

Bild 51. Aale (*Anguilla anguilla*) lassen sich als Jungtiere im Aquarium halten. Aufnahme B. Kahl

sich nehmen. Gezielt schwimmen sie hinter ihrer Beute her und schnappen sich aus dem Schwarm einen Wasserfloh nach dem anderen. Man glaubt kaum, wieviel diese Jungaale fressen können. Entsprechend wachsen sie zu Beginn relativ schnell und färben sich zum sogenannten Satzaal um. Jetzt nehmen die Jungfische die Lebensweise ihrer Eltern an. Sie verkriechen sich unter Steinen oder graben sich so tief in den Kies ein, daß nur noch der Kopf herausschaut. So verbringen sie den Tag und lassen sich nur durch erlesene Leckerbissen tagsüber in ihrer Ruhe stören. In der Dämmerung allerdings durchwühlen sie den Grund nach Nahrung, so daß am Morgen ein Blick ins Aquarium Spuren ihrer Aktivität zeigt: ausgerissene Pflanzen und trübes Wasser, wenn man nicht den Filter fortwährend laufen läßt.
Erstaunlich ist der feine Geruchssinn der Aale. Hält man ihnen etwa ein Stückchen rohe Leber an den Schwanz, so drehen sich hungrige Jungaale auch dann sofort um, wenn sie das Leberstück mit ihren Augen gar nicht sehen konnten.
Wenn die Aale im Aquarium nach zwei bis drei Jahren etwa bleistiftlang geworden sind, sollten wir sie freilassen. Die glitschigen Aale sind jetzt so stark geworden, daß ihre Wühlaktionen nunmehr keine Pflanzen mehr im Becken gedeihen lassen. Will man sie allerdings fangen, so verstehen es die Aale meisterhaft, sich zu verstecken oder im Kies von einem Ende des Aquariums unterirdisch zum anderen zu wandern. Erst wenn wir das ganze Becken ausgeräumt haben, können wir sicher sein, daß nun alle Aale gefangen sind.

Bild 52. Oft graben sich die Aale so tief in den Kies ein, daß nur der Kopf herausschaut. Aufnahme D. Schmidtke

Wir sollten die jungen Aale in ein Gewässer bringen, das über einen Fluß mit der Nordsee Verbindung hat. Dann können unsere Aale im Alter von sieben bis zehn Jahren zurückwandern in das Sargassomeer. Dort, in der Nähe der Bermudas, paaren sich die Aale und legen in diesem tangreichen, warmen Meeresgebiet ihre Eier ab. Drei Jahre später werden sich die Nachkommen unserer Aquarienaale, falls diese allen Verfolgungen zum Trotz das Sargassomeer erreicht haben, wieder zur Wanderung flußaufwärts aufmachen.
Der Lebenskreis der Elterntiere allerdings hat sich im Sargassomeer geschlossen, denn sie sterben kurz nach der Eiablage.

Bild 53. Gründlinge (*Gobio gobio*) sind lebhafte Schwarmfische, die gerne den Bodengrund durchwühlen. Aufnahme B. Kahl

Gründlinge – vergessene Aquarienfische?

Eigentlich besitzen Gründlinge *(Gobio gobio)* viele Eigenschaften, die man sich für Aquarienfische wünscht. Sie bleiben klein, sehen mit ihrem olivgrünen bis braunen Rücken, dem weißen Bauch und den lebhaft violett schillernden Seiten, auf denen eine Reihe dunkler Flecken angeordnet ist, ansprechend aus und sind leicht zu beschaffen. Dazu nehmen Gründlinge als Allesfresser Algen und faulende Pflanzenreste auf, sind also nicht nur auf tierisches Futter angewiesen. Auch mit Trockenfutter kann man die Gründlinge am Leben halten. Ständig durchsuchen diese lebhaften Schwarmfische den Boden nach etwas Freßbarem ab. So bleibt ein Blick ins Gründlingaquarium immer interessant. Zu anderen Fischen benehmen sie sich friedlich, sind also auch für ein Gesellschaftsaquarium geeignet. Bei soviel Vorteilen müssen doch irgendwo die

Nachteile stecken. Sie sind begründet in dem Sauerstoffbedürfnis und der Wühltätigkeit dieser lebhaften Grundfische. Ohne einen starken Filter kann man ein Becken mit Gründlingen kaum sauber halten. Bei laufendem Filter allerdings sieht es in einem solchen Aquarium, in dem ein Gründlingsschwarm die Algen kurzhält und den sandigen Grund ständig durchwühlt, stets sauber aus. Mulm kann sich kaum irgendwo ansammeln. Die Fische besorgen selbst, was sonst der Aquarianer regelmäßig vornehmen muß, indem sie die oberste Sandschicht aufwühlen. Schwebstoffe, die dabei hochgewirbelt werden, zieht der Filter ab, faulende Pflanzenreste werden oft von den Gründlingen mitgefressen.

Dem hohen Sauerstoffbedürfnis der Gründlinge müssen wir mit einer geeigneten Belüftung Rechnung tragen.

Obwohl Gründlinge von Natur aus Bewohner von relativ schnellfließenden Bächen sind, zeigen sie eine hohe Anpassungsfähigkeit an andere Gewässer und sind gegen Umweltverschmutzung relativ wiederstandsfähig. So konnten sie Lebensräume besiedeln, in denen man Gründlinge nicht vermutet, wenn nur der Sauerstoffgehalt des Wassers nicht zu gering ist. Wir haben bei der Gestaltung eines Gründlingsbeckens also fast die freie Wahl zwischen dem Ausschnitt eines Seeufers, eines Baches oder der sandigen Uferstelle eines Tieflandstroms.

Zur Laichzeit im April/Mai zeigen die Männchen einen feinkörnigen Laichausschlag am Kopf. Jetzt kann man die Geschlechter am besten unterscheiden, denn Weibchen gleichen außerhalb der Laichzeit den Männchen sehr. Meist am frühen Morgen werden über kiesigen Stellen die Eier abgelegt, wobei die Männchen und Weibchen lebhaft gegen den flachen Kiesstrand anschwimmen. Die Eier wirbeln durchs Wasser und kleben an den Kieseln fest. Ein niedriger Wasserstand von etwa 15 Zentimetern, flacher werdend auf ein nachgebildetes Ufer hin, scheint die Laichfreudigkeit zu steigern. In kleineren Becken laichen Gründlinge kaum einmal ab. Sie brauchen Platz für ihre lebhaften Liebesspiele. Aquarien ab 1 Meter Länge versprechen Erfolg.

Nach dem Ablaichen muß man die Alttiere herausfangen, denn als Laichräuber würden sie sich an ihren eigenen Eiern vergreifen. Da auch junge Gründlinge Allesfresser sind, macht die Aufzucht der Jungen wenig Schwierigkeiten. Sie nehmen recht bald staubfeines Aufzuchtfutter auf, vorher ernähren sie sich von Einzellern. Davon sind im Aquarium meist genügend vorhanden. Gibt es Probleme, dann hilft auch hier ein Heuaufguß weiter.

Gründlinge sind wegen ihres stellenweise massenhaften Auftretens bei Anglern nicht gerade beliebt. Denn nur allzuoft täuschen sie das Anbeißen eines größeren Fisches vor oder knabbern sich den Köder vom Haken, den der Angler für einen anderen Fisch bestimmt hatte. Manche Angler nehmen solche Störungen durch die kleinen Gründlinge gerne in Kauf. Denn sie wissen, daß Gründlinge durch ihre Lebensweise die verschmutzten Gewässer von faulenden Abfällen befreien, den Boden offenhalten und anderen, wertvolleren Fischen

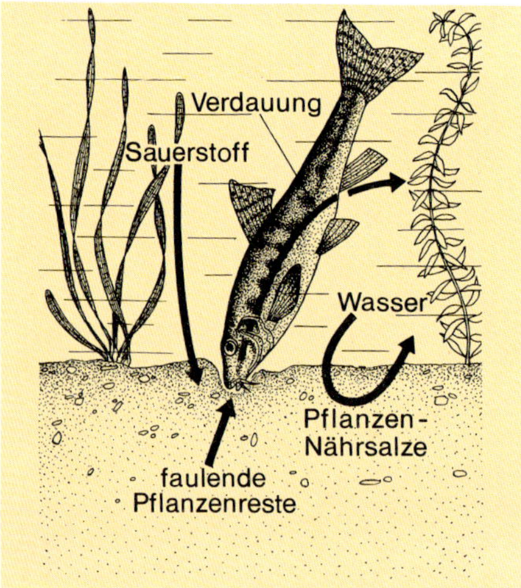

Bild 54. Die Bedeutung des Gründlings.

dadurch das Überleben im belasteten Gewässer erleichtern. Auch als Futter für Raubfische haben sie eine gewisse Bedeutung.

Orfen und Goldorfen

Viele einheimische Fische, die in unseren großen Flüssen, aber auch in Seen und Teichen zu Hause sind, werden ausgewachsen so groß, daß sie nur in ihrer Jugend im Aquarium gehalten werden können. Zu diesen Aquarienfischen auf Zeit gehören neben den bereits ausführlich beschriebenen Arten die Flußbarsche und Hechte. Sie lassen sich nur eine Zeitlang mit Wasserflöhen und anderem üblichen Lebendfutter ernähren, dann verlangen sie habhaftere Kost, nämlich Jungfische. Andere Arten geben sich zwar mit Trockenfutter oder Kleinkrebsen und *Tubifex* zufrieden, wachsen aber schnell. So werden die aparten Sterlets immer wieder in Zoogeschäften angeboten. Ausgewachsen sind sie allerdings bis 1 m lang, der Döbel oder Aitel bringt es immerhin noch auf eine Länge von 60 Zentimetern. Auch Orfen (*Idus idus*) und Brachsen können sich in der Größe durchaus mit dem Döbel messen. Doch sie wachsen im Aquarium viel langsamer als in der freien Natur und sind daher als Aquarienfische besser geeignet als die

Bild 55. Orfe oder Nerfling (*Idus idus*).

vorher aufgeführten Arten. Während die Silberorfen die übliche Weißfischfärbung zeigen, also dunklen Rücken und silberglänzende Bauchseiten, gehören die Goldorfen mit ihrem roten Rücken, den silbrig und golden schimmernden Seiten und der silberglänzenden Bauchseite zu den schönsten einheimischen Aquarienfischen. Goldorfen werden daher auch heute noch in großen Teichen gezüchtet und in Zoohandlungen angeboten. Man bekommt meist zweijährige Fische, die etwas mehr als 6 cm lang sind. Sie nehmen anstandslos Trockenfutter an, entfalten aber erst bei der Jagd auf Lebendfutter ihre ganze Lebendigkeit. Da sie als Fische des freien Wassers selten den Grund aufsuchen, wird das Wasser nicht so leicht trüb. Orfen sollte man als Schwarmfische halten und ihnen daher einen großen Schwimmraum zur Verfügung stellen. Im Orfenbecken gehören also Pflanzen in den Hintergrund.

Geschlechtsreife Orfen laichen in unseren größeren Fließgewässern im dritten oder vierten Lebensjahr zum erstenmal ab. Sie sind zu diesem Zeitpunkt schon länger als 30 Zentimeter, ihre gleichaltrigen Artgenossen im Aquarium weisen kaum die halbe Länge auf. Ihre Geschlechtsorgane bleiben unterentwikkelt, so daß man sie in Aquarien von normaler Größe nicht züchten kann. Bringt man allerdings solche Aquarienorfen in einen gut bepflanzten, größeren Gartenteich, so holen sie ihre freilebenden Artgenossen im Wachstum rasch ein und laichen dann auch ab, allerdings ein bis zwei Jahre später, also im Alter von fünf bis sieben Jahren. In kleineren Gartenteichen bleibt die Neigung zu Zwergwuchs erhalten, die Geschlechtsreife tritt nicht ein. Orfen verhalten sich also anders als Rotaugen oder Rotfedern, die auch als kleinwüchsige Spielarten geschlechtsreif werden können.

Bild 56. Die attraktiven Goldorfen werden häufig im Zoohandel angeboten. Aufnahme D. Schmidtke

Strömer und Schneider

Diese auch als erwachsene Tiere klein bleibenden Weißfische lebten ursprünglich in ziemlich schnellfließenden, klaren Bächen und Flüssen. Heute findet man sie auch in kanalisierten Flußabschnitten, zum Beispiel im Neckar zwischen Stuttgart und Heilbronn. Es ist erfreulich, daß einigen unserer Fischarten die Anpassung an solch stark veränderte Umweltbedingungen gelungen zu sein scheint.

Schneider (*Alburnus bipunctatus*) sind an ihrer durch eine Doppelreihe von schwarzen Punkten hervorgehobene Seitenlinie leicht zu erkennen, Strömer (*Telestes agassizii*) wirken wesentlich schlanker als Schneider. Die Männchen tragen über der Seitenlinie ein schwarzes, violett irisierendes Längsband, das vom Auge bis zur Schwanzwurzel reicht. Die orangegelbe Seitenlinie und die orange getönten Flossenansätze ergeben einen reizvollen Gegensatz zu dem dunklen Rücken und den silberglänzenden Seiten.

Schneider wie Strömer bevorzugen kiesigen Grund, über dem sie in der Natur auch ablaichen. Im Aquarium bieten wir ihnen zunächst Lebendfutter an, sie gewöhnen sich dann besser ein. Die Wasserbeschaffenheit sollte dem Fundort entsprechen, dabei ist weniger die Wasserhärte, als vielmehr der Sauerstoffgehalt von Bedeutung. Belüftung und Filterung, durch die gleichzeitig eine gewisse Strömung erzeugt werden, tragen viel zum Wohlbefinden dieser Fische bei. Nach einer gewissen Zeit der Eingewöhnung kann Trockenfutter gereicht werden, doch sollte man immer wieder einmal Lebendfutter geben.

Bild 57. Schneider (*Alburnus bipunctatus*).

Bild 58. Strömer (*Telestes agassizi*).

Eingebürgerte Exoten

Immer wieder konnten sich in den vergangenen Jahrzehnten und Jahrhunderten fremdländische Fischarten in einheimischen Gewässern ansiedeln. Karpfen, ursprünglich von China bis an die Mündungen der Schwarzmeerflüsse verbreitet, waren wohl die ersten „Ausländer", die in unseren Gewässern weite Verbreitung fanden. Als Fastenspeise der Mönche in Klosterteichen gezüchtet, fanden sie bei Überschwemmungen oft den Weg in Seen oder Flüsse. Später, mit zunehmender Ausbreitung der Karpfenzucht, wurden sie für Fischereizwecke ausgesetzt. Auch der ostasiatische Giebel und seine Spielart, der Goldfisch, bewohnen die mitteleuropäischen Gewässer schon lange. Regenbogenforellen wurden vor mehr als hundert Jahren aus Amerika bei uns eingebürgert. Alle genannten Fische gelten bereits als einheimische Arten. Andere Neuzugänge, von denen jetzt die Rede sein soll, werden noch als fremdländisch betrachtet.

Im Revier der Sonnenbarsche

Vor etwa 70 Jahren wurden mehrere Arten der Sonnenfische eingeführt. Diese nordamerikanischen Barsche, die in ihrer Heimat wesentlich größer werden als bei uns, konnten sich nur in wenigen Arten bei uns durchsetzen. Die weiteste Verbreitung fand wohl der Sonnenbarsch (*Lepomis gibbosus*). Man findet ihn heute in vielen Seen und Baggerseen, aber auch in Kanälen und kanalisierten Flüssen. 1981 wurde im Neckar bei Aldingen ein 12 Zentimeter langer Sonnenbarsch mit der Angel gefangen. Auch Jungfische konnten im Fanggebiet flußabwärts von Bad Cannstatt nachgewiesen werden. Im Main bei Frankfurt wur-

den größere Bestände vom Grünen Sonnenbarsch (*Lepomis cyanellus*) festgestellt.
Sonnenbarsche lieben im Aquarium kühles, klares Wasser mit leichter Strömung. Der Bodengrund sollte aus Kies bestehen. Als Wasserpflanzen eignen sich alle einheimischen Tauchpflanzen. Sie dienen den Sonnenbarschen als Versteck, sollten aber gut wurzeln, weil die Sonnenbarsche bei der Vorbereitung zur Eiablage eine flache Laichgrube in den Kies schlagen und dabei leicht Pflanzen entwurzeln. Wir setzen daher die Pflanzen mehr in den Hintergrund. Auf diese Weise erhalten die Fische auch einen größeren Schwimmraum.

Bild 59. Sonnenbarsche (*Lepomis gibbosus*) lieben kühles, klares Wasser. Aufnahme B. Kahl

Bild 60. Pfauenaugenbarsch (*Centrarchus macropterus*). Aufnahme B. Kahl

Nachdem das Männchen mit dem Schwanz eine Laichgrube geschlagen hat, lockt es ein Weibchen herbei, das nach lebhaften Paarungsspielen seine Eier in die Laichgrube ablegt. Sind die Eier besamt, so vertreibt das Männchen sein Weibchen und läßt von jetzt an keinen Fisch mehr in die Nähe des Nestes. Selbst die Hand des Aquarianers wird angegriffen, auch der Scheibenwischer wird als vermeintlicher Feind attackiert. Zwischen den Verteidigungsausflügen steht das Männchen still über dem Laich und fächelt mit den Brustflossen frisches Wasser an den Eiern vorbei. Die Jungfische werden ebenfalls verteidigt, bis der Brutpflegetrieb des Männchens nachläßt. Bei einer Fütterung mit Kleinkrebsen wachsen die jungen Sonnenbarsche rasch heran und erreichen schon im ersten Jahr eine Länge von zwei Zentimetern. So lassen sich Sonnenbarsche im Aquarium ziemlich problemlos vermehren. Lebendfutter ist aber für ihre Gesundheit unerläßlich, obwohl die Sonnenbarsche notfalls auch Trockenfutter annehmen. Hierbei sollte man gefriergetrocknete Mückenlarven bevorzugen.

Auch andere Arten aus der Familie der Sonnenbarsche lassen sich im Aquarium halten und vermehren. In Zoogeschäften werden allerdings meist nur noch der Pfauenaugenbarsch (*Centrarchus macropterus*) und der Scheibenbarsch (*Enneacanthus chaetodon*) angeboten. Beide pflanzen sich ähnlich fort wie der Sonnenbarsch. Für die Zucht ist jedoch ein niedriger Wasserstand um 15 Zentimeter vorteilhaft. Beide Arten vertragen nicht so tiefe Temperaturen wie der Sonnenbarsch. So überstehen sie oft eine Überwinterung im Gartenteich nicht. Sonnenbarsche dagegen können ganzjährig im Gartenteich gehalten werden. Solche Teiche sollten aber mindestens 80 Zentimeter tief sein und einen guten Bestand von Tauchpflanzen aufweisen. Vor allem die Wasserpest (*Elodea canadensis*) erzeugt auch noch unter einer Eisdecke Sauerstoff, diese Pflanze kommt mit relativ wenig Licht aus.

Zwergwelse

Kaum ein Fisch, der in unsere Gewässer eingebracht wurde, hat die Angler so enttäuscht wie der Zwergwels (*Ameiurus nebulosus*). In Nordamerika, seiner Heimat, gilt dieser Katzenwels als ausgezeichneter, wohlschmeckender Sportfisch. In unseren Flüssen bleibt der Zwergwels klein, Exemplare von 40 Zentimetern Länge gehören zu den Seltenheiten. Außerdem erweist sich der Zwergwels als Liebhaber von Fischlaich und von Jungfischen. So stiftet er in den heimischen Gewässern mehr Schaden als Nutzen.

Auch im Aquarium bleiben die Zwergwelse dieser Lebensweise treu. Kaum haben die dämmerungsaktiven Fische die Größe von etwa 15 Zentimetern erreicht, können sie mit ihrem großen Maul schon fast alle Mitbewohner eines Gesellschaftsbeckens verschlingen. Selbst kleinere Artgenossen werden verspeist. Junge Zwergwelse von etwa 5-10 Zentimetern Länge lassen sich dagegen im Aquarium noch mit anderen Arten zusammenhalten. Da sich Zwergwelse allerdings gern unter Wurzeln und Steinen verstecken, sind sie tagsüber selten zu sehen. Sie lassen sich auch nicht ohne größere Umbauten aus dem Aquarium entfernen, wenn die ersten Beckengenossen zu verschwinden beginnen. Zwergwelse im Aquarium werden daher wohl nur eine begrenzte Verbreitung behalten, nämlich bei ausgesprochenen Liebhabern dieser Katzenwelse.

Im Gartenteich vermehren sich Zwergwelse ohne Probleme. Beide Eltern bauen in flachem Uferwasser eine geschütz-

Bild 61. Nordamerikanische Zwergwelse (*Ameiurus nebulosus*) halten sich tagsüber gerne versteckt. Aufnahme B. Kahl

te Grube. Die dort abgelegten Eier sehen entfernt frischem Froschlaich ähnlich. Das Männchen bewacht die Eier und kurze Zeit auch die Jungfische, die mit ihrem dicken Kopf und ihrer schwarzen Färbung Kaulquappen der Erdkröte ähnlich sehen.

Auch im Gartenteich sollten Zwergwelse nur in ablaßbaren Teichen gehalten werden, sonst sind sie bald unter sich.

Die Krabbe, die aus China kam

Bei einer Wanderung an der Außenweser zeigte mir ein Spaziergänger eine etwa 7 Zentimeter große Krabbe. Er hielt das kräftige, ocker gefärbte Tier für krank und wies auf die „verpilzten" Scheren hin. Tatsächlich hat der bräunliche, dichte Haarpelz an den Scheren der Wollhandkrabbe (*Eriocheir sinensis*) entfernt Ähnlichkeit mit den verpilzten Wunden mancher Fischarten. Doch bei der Wollhandkrabbe gehört der Scherenpelz zur Zierde des männlichen Geschlechts, bei den Weibchen ist die Behaarung der Scheren weniger stark ausgebildet.

Über die Wollhandkrabben, die zu Beginn des zwanzigsten Jahrhunderts aus China bei uns eingeschleppt wurden, hört man nicht viel Gutes. Wie vielen anderen Tieren, die in einem fremden Lebensraum eingebürgert wurden, fehlten ihnen zunächst genügend natürliche

Bild 62. Wollhandkrabbe (*Eriocheir sinensis*).

Feinde. Es kam zur Massenvermehrung und damit zu Schäden. Die Krabben wanderten in die großen Flüsse ein, zerbissen Netze und fraßen die Köder von den Angeln. Inzwischen beginnt sich ihr Bestand zu regulieren. Viele Raubfische und auch die fischfressenden Vögel wie Graureiher und Roter Milan haben die Wollhandkrabben in ihren Speisezettel aufgenommen.

Im Aquarium brauchen Krabben einen Untergrund aus gröberem Sand und flachen Steinen, unter denen sie sich gern eingraben. Salzwasser ist nicht notwendig, denn die Wollhandkrabben leben bis zur Geschlechtsreife in Flüssen und wandern erst dann in Brack- oder Salzwasser. Wir bepflanzen das Becken mit robusten Pflanzen, filtern gut und belüften, so daß eine schwache Wasserströmung entsteht. Die Krabben füttern wir mit Regenwürmern und kleinen Fischstückchen. Es ist interessant zu beobachten, wie diese Krebse den Wurm mit den großen Scheren festhalten und ihn den Mundgliedmaßen zuführen, die dann die Beute zerkleinern. Auch das schnelle Eingraben im Sand, die unruhige Bewegung der Stielaugen bei vermeintlicher Gefahr und die Such- und Drohbewegungen mit den Scheren kann man gut verfolgen. Ob sich Wollhandkrabben im Aquarium zur Fortpflanzung bringen lassen, ist nicht bekannt. In jedem Falle müßte man das Süßwasser gegen Seewasser austauschen, denn Wollhandkrabben paaren sich nur im salzhaltigen Wasser der Mündungszonen.

Gelegentlich findet man im Aquarium leere Hüllen. Da diese oft wie vollständige, aber tote Krabben aussehen, kann man meinen, die Krabbe sei gestorben. Sie hat sich aber nur gehäutet. Den leeren Panzer sollte man entfernen, damit das Wasser nicht verseucht wird.

Graskarpfen und Silberkarpfen

Beide Fischarten, die in den Jahren nach dem 2. Weltkrieg aus Ostasien bei uns eingeführt wurden, gehören zur Familie der Karpfenfische (Cypriniden). In ihrer Heimat herrscht kontinentales Klima vor, das bedeutet trockene, heiße Sommer und kalte Winter. Fische aus diesen Regionen vertragen also unsere Winter gut. Die Sommer dagegen sind ihnen für die Fortpflanzung zu kalt. Der Graskarpfen oder Weiße Amur laicht in seinen Heimatflüssen bei einer Wassertemperatur von 27 Grad ab. Im Jahre 1976 erreichten einige Flüsse solche sommerlichen Wassertemperaturen, und im Gebiet der Süderelbe sollen sich einige Graskarpfen bei uns vermehrt haben.

Das große Interesse an beiden Fischarten erwächst aus zwei Umständen: Sie werden ziemlich groß und fressen fast ausschließlich pflanzliche Nahrung. Hierbei bevorzugt der Graskarpfen (*Ctenopharyngodon idella*) höhere Wasserpflanzen, während der Silberkarpfen (*Hypophthalmichthys molitrix*) pflanzliches Plankton als Nahrung aufnimmt. So könnte sich der Graskarpfen in verkrauteten, nicht ablaßbaren Teichen zur Bekämpfung von Tauchpflanzen bewähren. Graskarpfen fressen aber auch härtere Pflanzenteile, sogar die jungen Schößlinge des Schilfs sind vor ihnen nicht sicher. Das könnte auf lange Sicht

die Zerstörung der Schilfgürtel unserer Teiche bedeuten mit allen negativen Folgen für die Wasservögel und alle anderen Tiere, die sich dort aufhalten.
Silberkarpfen sollen geeignet sein, die Wasserblüte und übermäßigen Algenwuchs zu beseitigen. Unter Wasserblüte versteht man die Grünfärbung des Wassers infolge einer Massenentwicklung von mikroskopisch kleinen Algen. Ein etwa 30 Zentimeter langer Silberkarpfen konnte eine solche Wasserblüte in meinem 3 × 10 Meter großen Gartenteich im Laufe eines Vierteljahres nicht beseitigen. Es wären wohl mehrere Tiere notwendig gewesen. Was aber sollen die Silberkarpfen fressen, wenn sie wirklich mit der Wasserblüte fertig geworden sind? So scheint also auch der Traum der Gartenteichbesitzer vom einfachen Algenvertilger eine Illusion zu sein. Graskarpfen und Silberkarpfen werden im Zoohandel meist als etwa 10 Zentimeter lange Exemplare angeboten. Während die Graskarpfen am ehesten einem Weißfisch ähnlich sehen und in ihrer Körperform dem Döbel nahekommen, haben die Silberkarpfen schönere Farben. Rücken und Kopfoberseite glänzen schwärzlich blau, die Seiten schillern in grünblauen Tönen. Die Färbung wechselt je nach Untergrund jedoch ziemlich stark. Wenn man von den etwas tief am Kopf stehenden Augen absieht, hat der Silberkarpfen Ähnlichkeit mit unseren Schleien.
Im Aquarium lassen sich kleinere Exemplare zur Beobachtung ohne große Schwierigkeiten halten. Wir füttern die

Bild 63. Der Graskarpfen (*Ctenopharyngodon idella*) frißt ausschließlich pflanzliche Nahrung. Aufnahme B. Kahl

Graskarpfen mit Wasserpflanzen, Klee und Luzerne oder ab und zu mit einem Blatt Kopfsalat. Die Bepflanzung sollte aus Quellmoos-Büscheln bestehen, Graskarpfen fressen dieses Wassermoos ungern. Vor Kunststoffpflanzen sei abgeraten, sie werden angeknabbert und bekommen den Graskarpfen gar nicht. Wenn die Fische zu groß werden, kann man sie in den Gartenteich setzen oder an eine Teichwirtschaft verkaufen.

Silberkarpfen fressen pflanzliches Trokkenfutter und Algen; auch sie wachsen relativ schnell, so daß beide Arten als Aquarienfische nur bedingt geeignet sind.

Bild 64. Auch das Meer bietet uns Pfleglinge für das Heimataquarium. Oft lohnt sich eine Mitfahrt auf einem Fischkutter.

Aquarientiere von den Meeresküsten

Wer sich mit den Küstenstreifen an Nord- und Ostsee beschäftigt, merkt bald, daß das Meer an Vielseitigkeit der Lebensräume den Binnengewässern in nichts nachsteht. Im Watt haben sich viele charakteristische Lebensgemeinschaften gebildet. So leben im Schlickwatt andere Tiere als im Sandwatt oder in den ständig überfluteten Prielen, die das Watt wie Flüsse durchziehen. Wo in der Nähe der Häfen durch den Einfluß des Menschen Steindämme ins Meer hinausführen, findet man eine Lebensgemeinschaft vor, die an die Felsküsten Helgolands erinnert. Und in weiten Teilen der Ostsee führt der wechselnde Salzgehalt zusammen mit dem Fehlen von Ebbe und Flut zu Lebensbedingungen, an die wiederum andere Tiere angepaßt sind. Manche Meerestiere allerdings kommen an den deutschen Küsten überall vor. Unter ihnen müssen wir nach ausdauernden Aquarienbewohnern suchen, denn sie müssen von Natur aus eine hohe Anpassungsfähigkeit an wechselnde Umweltbedingungen besitzen. Einige dieser Tiere seien an dieser Stelle aufgeführt.

Strandkrabben (Carcinus maenas)
Diese Kurzschwanzkrebse, die noch fast überall und häufig anzutreffen sind, eignen sich gut für das Aquarium. Am besten gewöhnen sich aber junge Exemplare ein. Die Jungtiere kämpfen nicht so intensiv gegeneinander wie ältere Krabben. Dennoch kann es vorkommen, daß sie über einen Artgenossen herfallen und ihn auffressen, besonders, wenn er das Pech hat, frisch gehäutet zu sein. Normalerweise aber begnügen sich die Strandkrabben damit, Fleischstückchen mit ihren kräftigen Scheren zu zerkleinern und aufzufressen. Auch Fischfleisch nehmen sie gerne an. Manchmal bedienen sie sich dabei selbst, falls wir Fische im Becken haben. Überhaupt erweisen sich Strandkrabben als wenig wählerisch, was das Futter anbelangt. Es macht Spaß, auszuprobieren, was sie alles fressen, vom Muschelfleisch bis zu toten Heuschrecken wird wenig verschmäht. Speisereste sollten allerdings entfernt werden. Sie faulen rasch und vergiften das Wasser.
Im Aquarium richten wir mit viel Sand und einigen Steinen, an denen Tange wachsen, einen kleinen Ausschnitt eines Fluttümpels ein. Wer nicht am Meer wohnt, muß auf die Pflanzen verzichten, statt dessen wird belüftet. Filterung darf nicht fehlen, denn die Krabben wühlen sich gern in den Sand ein und wirbeln dabei Schmutz auf. Das Meerwasser wird aus handelsüblichen Salzmischungen nach Gebrauchsanweisung angesetzt oder direkt am Fundort mitgenommen, dann stimmt natürlich der Salzgehalt besser. Daheim angekommen, kann man dann die Tiere langsam auf künstliches Meerwasser umgewöhnen, was den Strandkrabben nicht schwerfällt. Im allgemeinen vertragen Strandkrabben keine Mitbewohner. Höchstens die hartschaligen Strandschnecken (*Littorina littorea*) können ihren Scheren widerstehen oder Einsiedlerkrebse, solange diese in ihrem Schneckenhaus bleiben. Bei jedem Umzug wird es für die Einsiedler allerdings gefährlich. Ihr weicher Hinterleib gilt bei den Strandkrabben als Lekkerbissen.
Wer in Küstennähe wohnt, kann natürlich immer wieder neue Meerestiere mit seinen Strandkrabben zusammenbringen und dabei interessante Einblicke in das Leben der Strandkrabben gewinnen.

Bild 65. Strandkrabben (*Carcinus maenas*) lassen sich einfach halten. Aufnahme D. Schmidtke

Flunder (Platichthys flesus)
Wie die anderen Plattfische (Scholle, Seezunge, Steinbutt) sind Flundern an das Leben im lockeren Sand angepaßt. Entsprechend richten wir das Aquarium ein, filtern und belüften. Jungtiere leben sich besser ein. Wir füttern mit Muschelfleisch, kleinen Regenwürmern, Wattwürmern oder mit Trockenfuttermischungen für Meeresfische. Auch die anderen erwähnten Plattfische lassen sich leicht im Aquarium pflegen.

Bild 66. Flunder (*Platichthys flesus*).

Strandgrundel (Gobius microps)
Guter Aquarienfisch, auch als Futterfisch für Schollen und Strandkrabben geeignet. Kiesboden mit Steinen zum Verstecken. Sandige Stellen zum Eingraben einbauen. Strandgrundeln können sich an Trockenfutter gewöhnen.

Bild 67. Strandgrundel (*Gobius microps*).

Seenadeln (Syngnathus)
Auffallend langgestreckte Fische von eigenartiger Form. Werden von Touristen oft mit der Hand gefangen. Angepaßt an Gebiete mit dichtem Tauchpflanzenbewuchs. Kommt aber auch über Sandgrund vor. Nahrung Lebendfutter, zum Beispiel Salinenkrebse, aber auch Wasserflöhe (Wasserflöhe leben im Salzwasser allerdings nur kurze Zeit).

Bild 68. Seenadel (*Syngnathus*).

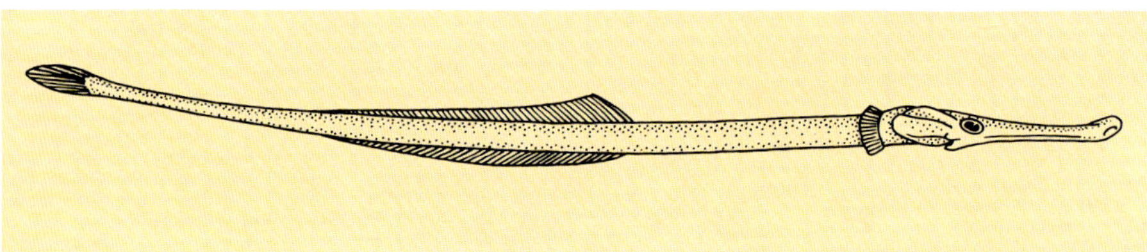

Blumentiere
Am leichtesten lassen sich Seenelken im Aquarium pflegen. Denn diese Hohltiere leben von Plankton und Detritus. Seenelken (*Metridium senile*) findet man bei Ebbe in relativ sauberem Wasser, zusammengezogen zu rosa, weißen oder braunen Klumpen an Steinen. Im Aquarium setzen sie sich rasch wieder an festen Unterlagen fest und strecken ihre Fangarme aus. Es genügt, die Seenelken gelegentlich mit *Cyclops*, Salinenkrebschen oder zerriebenem Trockenfutter zu versorgen.
Alle anderen Blumentiere brauchen kräftigere Kost. Wir füttern sie mit Muschelfleisch, Leber, Fischfleisch-Stückchen oder mit käuflichen Pasten. Das Futter wird am besten mit einer Pinzette auf die Fangarme gelegt oder in die Nähe der Mundöffnung plaziert. Wir sollten uns aber hüten, zu viel zu füttern. Ein Happen pro Woche genügt diesen anspruchslosen Blumentieren völlig.
Bei Überfütterung, plötzlichem Temperaturwechsel oder auch gelegentlich beim Ausfallen des Filters können Blumentiere sehr schnell absterben. Sie zersetzen sich dann rasch, trüben das Wasser und überschwemmen es mit Fäulniserregern. Ähnliches kann auch mit größeren Schnecken oder mit Muscheln passieren. In einem solchen Falle müssen

die Überreste schnell entfernt werden. Gleichzeitig sollte man kräftig filtern, bis das Wasser wieder klar ist und anschließend den Filter reinigen. Auch ein teilweiser Wasserwechsel kann angebracht sein, wobei allerdings auf gleiche Temperatur und gleichen Salzgehalt zu achten ist.

Bild 69. Seenelke (*Metridium senile*).

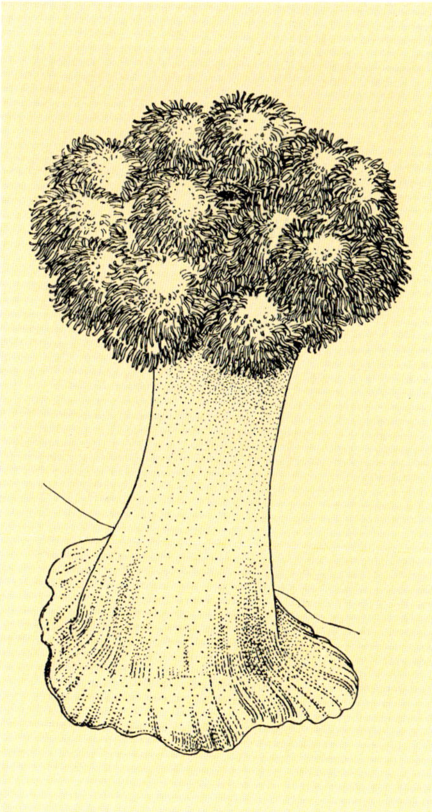

Strandschnecken

Kinder sammeln im Urlaub immer wieder diese häufigen Schnecken, halten sie in irgendeinem Gefäß und füttern sie mit angeschwemmten Algen. Und die anspruchslosen Schnecken überstehen diese einfache Pflege durchaus. Selbst einen stundenlangen Transport in den Heimatort nehmen sie nicht übel. Höhere Wärmegrade allerdings vertragen die Strandschnecken nicht. Im Aquarium fressen sie Algen und Reste von Trockenfutter. Kann man die Schnecken selbst fangen, so empfiehlt es sich, die schön und sehr abwechslungsreich gefärbten Jungschnecken zu sammeln.

Bild 70. Strandschnecken (*Littorina*).

Seesterne (Asterias rubens)
Durch ihre schöne Form sind Seesterne an unseren Küsten so begehrt, daß sie schon selten zu finden sind. Meist landen sie als getrocknete Souvenirs irgendwann im Mülleimer. Am ehesten kann man sich lebende Seesterne bei einer Fahrt mit dem Fischkutter besorgen. Hier werden sie als Beifang an die mitfahrenden Gäste verteilt. Seesterne fressen in der Natur Muscheln. Sie öffnen die Muschel, indem sie die Schalenhälften durch ihre mit vielen Saugfüßchen besetzten Arme auseinanderziehen. Dabei decken sie die Muschel zu. Sind die Schalen einen Spalt weit geöffnet, dann stülpt der Seestern seinen Magen aus, ergießt Verdauungssaft in die Muschel und saugt das verdaute Muschelfleisch ein. Die aufgeklappte, leere Muschelschale bleibt zurück, wenn der Seestern von der getöteten Muschel wegkriecht.
Im Aquarium kann man den Seesternen lebende Miesmuscheln reichen, die in Feinkostgeschäften häufig zu bekommen sind. Sie nehmen aber auch Fischstückchen.

Bild 71. Seestern (*Asterias rubens*).

Weitere Hinweise

Viele Tierarten von heimischen Küsten können im Versandhandel oder über meeresbiologische Stationen bezogen werden. Für die Haltung der Tiere kommen nur seewasserfeste Aquarien in Frage. Ausführliche Informationen über die Pflege von einheimischen Tieren aus Nord- und Ostsee kann man aus den im Literaturverzeichnis aufgeführten Büchern entnehmen.

Wichtige Futtertiere

Bild 72. Altwässer sind ideal für die Futterbeschaffung. Aufnahme D. Schmidtke

Manche Aquarianer lehnen es ab, ihren Tieren lebende Futtertiere zu reichen. Sie fürchten, daß mit dem Lebendfutter Parasiten eingeschleppt werden und daß am Lebendfutter Krankheitserreger haften. Aus diesen Gründen ziehen sie es vor, ihre Aquarientiere abwechslungsreich mit verschiedenen Trockenfutterarten zu versorgen.
In der Tat können mit dem Lebendfutter verschiedene Schmarotzer und auch Krankheitserreger ins Aquarium eingeschleppt werden. Es handelt sich hierbei allerdings um recht seltene Einzelfälle. So kann aus Teichen, in denen Fische leben, zusammen mit dem Lebendfutter die Karpfenlaus (*Argulus*) ins Aquarium gelangen. Sie setzt sich an den Fischen fest und saugt Blut. Auch unter den Ruderfußkrebsen gibt es Parasiten. Sie sind oft schwerer zu entdecken als die mehrere Millimeter großen Karpfenläuse, weil sie sich in den Kiemen von Fischen festsetzen. Solche Gefahren aus

Lebendfutter beschränken sich jedoch auf Futtertiere, die in Fischwässern gefangen werden. Wo es keine Fische gibt, können auch ihre Parasiten auf Dauer nicht existieren.
Wir sollten Lebendfutter daher vornehmlich aus fischfreien Gewässern entnehmen oder die Futtertiere einige Tage aufbewahren, bis sie verfüttert werden. Wenn wir aber schon beobachtet haben, mit welcher Lebensfreude unsere Pfleglinge den lebendigen Futtertieren nachstellen, dann kann man ermessen, was es für einen Fisch bedeutet, lebenslänglich Trockenfutter fressen zu müssen und sei es noch so gesund. Uns muß auch daran gelegen sein, daß die Tiere im Aquarium ihre angeborenen Instinkte ausleben können. Der Jagdtrieb läßt sich beim Verfolgen von lebenden Futtertieren sicher viel besser befriedigen als beim Fressen einer gefriergetrockneten Mükkenlarve oder beim Schnappen nach Flocken, die langsam auf den Grund des Beckens sinken. Nehmen wir also die Nachteile des Lebendfutters zugunsten einer natürlicheren Lebensweise unserer Pfleglinge in Kauf. Im allgemeinen sollte allerdings Trockenfutter bei Arten, die dies annehmen, die Grundfuttergabe bleiben. Einmal in der Woche Lebendfutter, das genügt, und es strapaziert den Geldbeutel nicht übermäßig. Wer Arten pflegt, die nur Lebendfutter annehmen, wird wohl selbst zum Kescher greifen und nach einem geeigneten Tümpel Ausschau halten müssen. Doch solche Mühe belohnt sich selbst. Denn wir kommen hinaus in die Natur und gewinnen manchen Einblick in die Lebensweise der Tiere in unseren Heimatgewässern. Und die frische Luft, die uns dabei um die Nase weht, ist ja auch nicht zu verachten.

Wasserflöhe

Diese Kleinkrebse, von denen die meisten Arten im Spätherbst sterben, schlüpfen im zeitigen Frühjahr aus kleinen, dunkelgefärbten Dauereibehältern, den Ephippien. Diese sind so leicht, daß sie mit dem Wind weit über Land verweht werden können. So findet man Wasserflöhe oft sogar in Schmelzwassertümpeln, größeren Regenlachen oder in Regentonnen am Gartenhaus. Die ausschlüpfenden Wasserflöhe sind Weibchen. Nach wenigen Wochen schon bringen diese ohne Befruchtung durch Männchen lebende Junge zur Welt. Sie entstehen aus Eiern, die im Rückenschild heranreifen. Unter dem Mikroskop kann man im erwachsenen Wasserfloh 6 - 10 Eier oder Embryonen gut sehen. Kein Wunder, wenn es in kurzer Zeit in manchen Teichen von Wasserflöhen nur so wimmelt. Im Herbst endet diese Vermehrung ohne Männchen. Unter dem Einfluß der sinkenden Temperaturen werden jetzt auch Männchen geboren. Diese befruchten die Eier, die überwintern. Die befruchteten Eier werden mit einer derben Hülle umgeben. Zusammen mit einem Schalenteil vom Muttertier überdauern sie als Ephippien die kalte Jahreszeit: Der Lebenskreis der Wasserflöhe beginnt von neuem.
Wir fangen die Wasserflöhe mit einem feinmaschigen Netz, das wir in Form einer 8 durchs Wasser führen. In einem Zehnlitereimer sollte man nicht mehr

Wasserflöhe transportieren, als einer Menge von fünf Kaffelöffeln „Biomasse" entspricht. Darunter versteht man die Masse der Tiere ohne Wasser. Der Zehnlitereimer wird am besten nur mit fünf Litern Wasser gefüllt. So halten es die Wasserflöhe auf dem Transport gut aus, ohne an Sauerstoffmangel vorzeitig zugrunde zu gehen. Man kann Wasserflöhe auch durchaus längere Zeit am Leben erhalten. Dies gelingt in einem großen Plastikgefäß, das nur mit wenig Wasser gefüllt und an einem schattigen Ort aufgestellt wird, etwa auf dem Balkon oder im Keller. Der niedrige Wasserstand erlaubt es, daß viel Sauerstoff ins Wasser eindringt, zumal die Wasserflöhe selbst für ständige Wasserbewegung sorgen. In einem Eimer mit einer vergleichbar viel kleineren Wasseroberfläche für den Gasaustausch sterben die Wasserflöhe rasch ab.

Auch wer Wasserflöhe züchten will, muß diese Spielregeln beachten: niedriger Wasserstand, große Oberfläche. Gefäße, die einer solchen Grundforderung nicht entsprechen, müssen belüftet werden. Dies aber mindert den Zuchterfolg, denn Wasserflöhe mögen bewegtes Wasser überhaupt nicht. Bei Wind gehen sie in die Tiefe oder schwimmen gegen die Windrichtung in ruhigeres Wasser. Für die Ernährung der Wasserflöhe, die in der Natur von Plankton und Bakterien leben, kann man Wasser aus einem Heuaufguß verwenden, aber auch einige Tropfen Kondensmilch ergeben ein brauchbares Futter. Wer natürlich Plankton aus ausgewaschenen Wasserpflanzen füttern kann, ernährt seine Wasserflöhe fast schon natürlich. Abgestorbene Wasserflöhe müssen regelmäßig vom Boden des Zuchtgefäßes abgesaugt werden.

Natürlich darf man von einer Wasserflohzucht keine Wunder erwarten. Wer einmal in vierzehn Tagen einen Kaffeelöffel Biomasse für seine Fische entnehmen kann, dessen Zucht klappt schon vorzüglich.

Bild 73. Wasserfloh (*Daphnia pulex*). Aufnahme H. Schneider

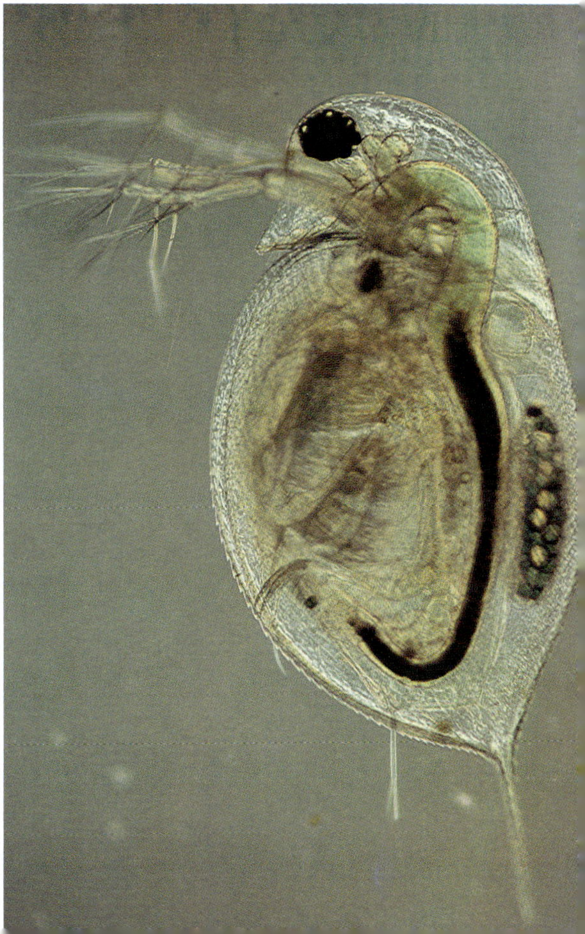

Will man im Herbst die Bildung von Dauereiern und damit das Absterben der Wasserflöhe verhindern, so muß die Wassertemperatur ständig über 15 Grad gehalten werden. Dies rentiert sich natürlich nicht, so daß es besser ist, im Frühjahr eine neue Wasserflohzucht aufzubauen und in der kalten Jahreszeit auf das Lebendfutter zurückzugreifen, das jetzt noch in der Natur zu bekommen ist, nämlich Glasstäbchen (Weiße Mückenlarven, *Corethra plumicornis*) und Hüpferlinge (*Cyclops*).

Hüpferlinge – einäugige Kleinkrebse

Auch im Winter schweben im Wasser der Teiche und tieferen Tümpel mikroskopisch kleine Algen und Einzeller. Wasserflöhe, die diese Algen als Nahrung aufnehmen würden, fehlen in der kalten Jahreszeit. Auch die Jungfische halten auf dem Gewässergrund Winterruhe, fressen also nichts. In dieser Zeit relativer Ruhe im Teich bleiben die Hüpferlinge (*Cyclops*) aktiv. Nahezu ungestört von Nahrungskonkurrenten können die Hüpferlinge zahllose Algen in sich hineinfiltern. Sie machen sich eine ökologische Nische zunutze, indem sie gerade dann aktiv bleiben, wenn die meisten Teichtiere ihre Ruhezeit haben.
Mit kurzen, ruckartigen Bewegungen ziehen die Hüpferlinge durchs Wasser. Unter dem rettichartigen Körper versteckt schwingen viele kleine Brustfüße hin und her. Sie treiben den *Cyclops* durchs Wasser. Gleichzeitig sorgen sie dafür, daß stets frisches, sauerstoffreiches Wasser zum Hüpferling gelangt. Er atmet nämlich durch die Haut, besitzt also keine besonderen Atmungsorgane. Die großen, leicht gebogenen, antennenartigen Gliedmaßen am Kopf dienen als „Balancierstangen". Sie verhindern aber auch ein schnelles Absinken in tiefere Wasserzonen. Die Antennen der Wasserflöhe dagegen werden zur Fortbewegung benutzt.

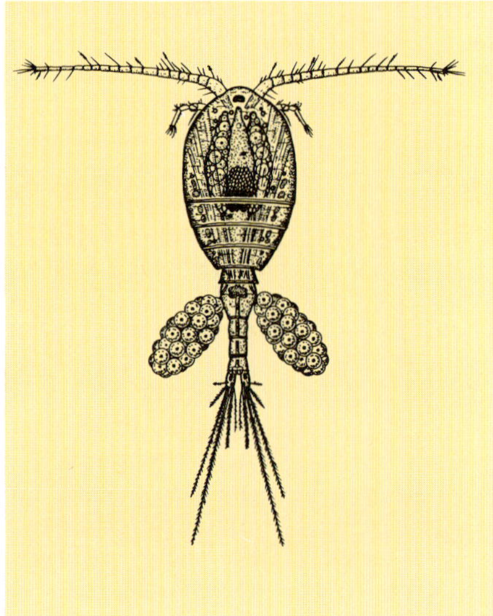

Bild 74. Hüpferling mit Eisäcken.

Hüpferlinge haben ihren wissenschaftlichen Namen *Cyclops* nach dem einäugigen Riesen aus der griechischen Sage. Sie besitzen tatsächlich nur ein großes Auge am Vorderende des Tieres. Unter der Lupe entdeckt man weitere Besonderheiten der Hüpferlinge. Verschiedenfarbige, schimmernde Ölkugeln erleichtern zusammen mit den großen Antennen das Schweben im Wasser und dienen dem Tier als Nahrungsreserve. Besonders fremdartig erscheint uns, daß wir unter Lupe oder Mikroskop das Herz dieses seltsamen Tiers vergeblich suchen. *Cyclops*-Arten haben kein Herz. Ihr farbloses Blut wird durch Bewegungen des Darms durch den Körper gepumpt.

Gegen Ende des Winters treffen wir immer häufiger Tiere an, die an ihrem Hinterende zwei Säckchen tragen, die mit Eiern gefüllt sind. Diese Eibehälter bestehen aus einem im Wasser erhärtenden Sekret, in dem die Eier sicher heranreifen können, nachdem sie von den Männchen befruchtet wurden.

Junge Hüpferlinge sehen den Elterntieren nicht gerade sehr ähnlich. Es sind Larven, die erst nach mehreren Häutungen die Gestalt der ausgewachsenen Hüpferlinge annehmen. Larven wie Hüpferlinge sind ein ausgezeichnetes Fischfutter. Sie lassen sich in kühlem Wasser länger am Leben erhalten als Wasserflöhe. Im Aquarium überleben Hüpferlinge nicht allzulange. Wir sollten daher stets nur soviel Tiere ins Becken bringen, wie unsere Fische sofort verzehren können. Im Zuchtaquarium allerdings ist Vorsicht geboten. Große Hüpferlinge können Jungfische angreifen, wenn diese frisch geschlüpft sind.

Hüpferlinge zu züchten, lohnt sich weniger als das Anlegen einer Wasserflohzucht. Dagegen lassen sich viel mehr Hüpferlinge in einem Zehnlitereimer heimtransportieren, als dies bei Wasserflöhen geraten ist. Auch unter der Eisdecke können diese winterharten Kleinkrebse gefangen werden.

Glasstäbchen – durchsichtige Mückenlarven

Beim Tümpeln nach Wasserflöhen oder Hüpferlingen gehen uns das ganze Jahr hindurch immer wieder auch die Larven

Bild 75. „Glasstäbchen" – die Larve der Büschelmücke *Corethra*.

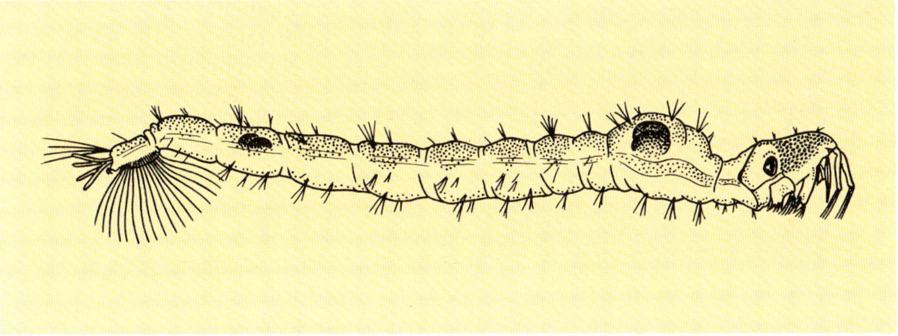

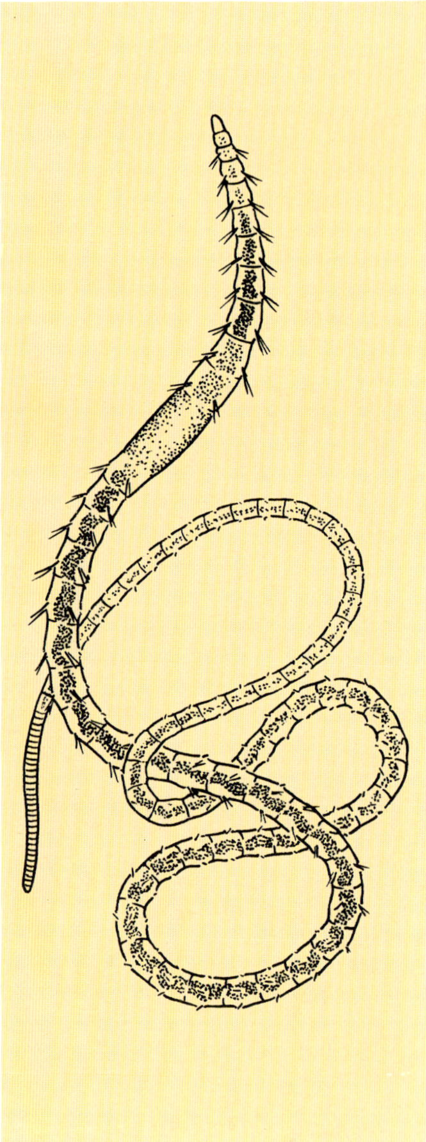

Bild 76. Schlammröhrenwurm *Tubifex*.

der Büschelmücke (*Corethra plumicornis*) ins Netz. Die auch als Weiße Mükkenlarven bekannten Glasstäbchen leben räuberisch. Mit ihren starken Mundwerkzeugen packen sie Wasserflöhe, Hüpferlinge und auch frischgeschlüpfte Jungfische, um sie zu verzehren. Meist aber schweben sie völlig ruhig im Wasser, wobei sie durch zwei luftgefüllte Blasen am Vorder- und Hinterende unterstützt werden. Indem sie die Luftfüllung dieser Blasen verändern, gelingt es ihnen, sich ohne großen Energieaufwand in verschiedenen Wasserschichten aufzuhalten. Dabei steigen sie nachts bis dicht unter die Wasseroberfläche auf, während sie tagsüber tiefere Wasserschichten bevorzugen.
Wenn die Glasstäbchen gut einen Zentimeter lang geworden sind, verpuppen sie sich. Im Gegensatz zu den dunklen Puppen der Stechmücken schwebt die hellere Puppe der Büschelmücke, mit dem Kopf nach oben gerichtet, senkrecht im Wasser. Die zwei hornartigen Gebilde am Kopf sind Atemröhren.
Nach kurzer Zeit schlüpft an der Wasseroberfläche aus der Puppe die Büschelmücke aus. Sie hat ihren Namen von den büschelartig verzweigten Fühlern am Kopf. Büschelmücken sind etwas kleiner als die wohlbekannten Stechmücken, aber sie stechen nicht. So gibt es kein Malheur, wenn auf einmal einige Büschelmücken aus dem Aquarium im Wohnzimmer herumfliegen.
Geschlüpfte Büschelmücken leben nur

wenige Tage. In dieser Zeit paaren sich Männchen und Weibchen, und die Weibchen legen auf der Wasseroberfläche inselförmige Eipakete ab. Aus den Eiern schlüpfen nach ein paar Tagen winzige Glasstäbchen. Sie jagen Kleinkrebse und wachsen so rasch heran, daß sie sich schon nach zwei bis drei Wochen zu Puppen und danach in Mücken verwandeln. So entstehen den Sommer über mehrere Generationen von Büschelmücken. Die letzte Mückengeneration allerdings überwintert als Glasstäbchen. Sie haben jetzt so viel Reservestoffe gespeichert, daß sie den ganzen Winter über keine Nahrung aufnehmen müssen. Auch die überwinternden Larven steigen in der Abenddämmerung an die Wasseroberfläche auf. Sie können mit dem Kescher selbst unter der Eisdecke leicht erbeutet werden.
Glasstäbchen lassen sich in flachen Gefäßen besonders lange Zeit aufbewahren. Dies macht sie zu idealem Winterfutter. Die weißen Mückenlarven sind nährstoffreich und groß genug, daß sie auch für größere Aquarienfische interessante Beutetiere abgeben.

Schlammröhrenwürmer

Seit man die dünnen, rötlichen, mehrere Zentimeter langen Ringelwürmer züchtet, werden sie das ganze Jahr über unter ihrem wissenschaftlichen Namen *Tubifex* in Zoogeschäften angeboten. Oft sind sie das einzige Lebendfutter, das zu haben ist. Kein Wunder, daß viele Aquarianer sich häufig eine Portion *Tubifex* für ihre Aquarientiere kaufen. Wir sollten dies allerdings nicht zu oft tun. Bedingt durch ihre Lebensweise können Schlammröhrenwürmer problematisch werden.
In der Natur findet man nämlich diese Würmer besonders häufig im Abwasser. Im Schlamm eingegraben, nehmen sie allerlei faulende Stoffe als Nahrung auf und verdauen das Verwertbare. Nicht verwertbare Stoffe und Abfallstoffe scheiden sie mit dem Hinterende aus, das gewöhnlich aus dem Schlamm herausragt und pendelnde Bewegungen ausführt. So wird frisches Atemwasser herangeführt. Abfallstoffe, die die Würmer ausscheiden, treiben mit der entstandenen Strömung davon. Da *Tubifex* in großen Kolonien auftritt, entziehen die Würmer dem Schlamm große Mengen fäulnisfähiger Stoffe, lockern den Schlamm durch ihre Röhren auf und bringen Sauerstoff in die Ablagerungen. Also tragen Schlammröhrenwürmer in hohem Maße zur Selbstreinigung eines Gewässers bei. Was sie ausscheiden, kann von Einzellern und Bakterien weiterverarbeitet und damit abgebaut werden oder dient Wasserpflanzen zur Düngung. Mit der Nahrung speichern die Würmer aber in ihrem Körper beträchtliche Mengen von Giftstoffen. Diese werden natürlich an unsere Aquarienfische weitergegeben, wenn sie so einen Schlammröhrenwurm fressen. Außerdem ist *Tubifex* recht fetthaltig. Bei einer häufigen Fütterung mit *Tubifex* könnten also unsere Fische verfetten und gegebenenfalls durch die vom Wurm gesammelten Umweltgifte erkranken. Trotzdem braucht man natürlich auf eine wöchentliche *Tubifex*-Gabe nicht zu verzichten.

Würmer aus Zuchtanstalten sind arm an Giftstoffen, und ganz giftstofffrei sind natürlich Kleinkrebse und Mückenlarven auch nicht. Denn es gibt leider kaum mehr einen Teich oder Tümpel, der nicht in irgendeiner Form von der Umweltverschmutzung berührt wird. Wie in vielen Dingen ist also bei *Tubifex* das rechte Maß entscheidend.

Liebe geht durch den Magen.

Stellen Sie sich einmal den Tagesablauf eines Fisches in seinem Heimatgewässer vor. Wenn es sich nicht gerade um einen nachtaktiven Fisch handelt, wird er mit Sonnenaufgang seinen Unterstand unter einer Baumwurzel oder hinter einem größeren Stein verlassen und dem Ufer zuschwimmen. Dort, in der Morgenkühle, fallen jetzt besonders viele Insekten ins Wasser, wenn sie sich langsam von der Erstarrung der Nacht erholen wollen. Ihre Bewegungen sind zu dieser Zeit noch ungeschickt. Mit steigendem Sonnenstand sucht unser Fisch meist tiefere Wasserschichten auf. Das zweite Frühstück besteht oft aus Bodentieren, garniert mit einigen zarten Trieben von Wasserpflanzen. Gegen Mittag ist der Magen zum erstenmal gefüllt, und der Fisch schaltet eine Ruhepause ein. Angler wissen, daß es meist wenig Sinn hat, am hellen Nachmittag die Angel ins Wasser zu hängen. Sie gehen abends ans Wasser. Jetzt ist nämlich die erste Magenfüllung verdaut. Unser Fisch verspürt wieder Lust, etwas zu sich zu nehmen. Wiederum wird das Ufer abgesucht. Wo Land und Wasser zusammentreffen, halten sich eben sehr viel mehr Tiere auf als anderswo. Jetzt legen die Mücken ihre Eischiffchen im Uferwasser ab, beginnen die Nachtschmetterlinge zu fliegen, kommen viele Landinsekten ans Ufer, um zu trinken, zu jagen oder sich zu paaren. Da fällt für unseren Fisch immer wieder mal ein guter Bissen ab. Sein Tageslauf endet mit der nächtlichen Ruhepause in seinem Unterstand.

Ich darf es mir doch ersparen, jetzt den Tagesablauf eines unserer Aquarienfische zu schildern. Wir alle wissen, daß er viel eintöniger und vom Nahrungsangebot her gesehen, einseitiger ablaufen muß. Wer dem entgegenhält, daß doch unsere modernen Trockenfutterfabrikate alles Lebensnotwendige für den Fisch enthalten, der hat natürlich recht. Aber Trockenfutter flieht nicht, zappelt nicht aufreizend auf der Wasseroberfläche und schmeckt wohl auch nicht so verschieden wie Wasserassel und Ohrwurm. Ich habe dies zwar nicht selbst geprüft, glaube aber dennoch behaupten zu können, daß meine Aussage stimmt.

Vielleicht könnten wir – wenigstens an freien Wochenenden oder zur Urlaubszeit – den Speisezettel unserer Aquarienfische ein wenig abwechslungsreicher gestalten. Wenn man am frühen Morgen mit einem Kescher durch die Gräser einer Wiese streift, findet man viele Insekten, noch halb erstarrt von der Morgenkühle. Vielleicht brauchen Sie dazu nur wenige Schritte zu gehen, wenn Sie sich nämlich im Garten statt des langweiligen Rasens eine Naturwiese angelegt haben. Sind sie so naturverbunden, dann findet sich in Ihrem Garten sicher auch ein Komposthaufen. Er enthält allerlei Leckerbissen für größere Aquarienfische. Auch unter einem Brett oder unter größeren Steinen lohnt es sich, einmal nachzusehen. Wenn Sie sich dann noch aufschreiben, welche der aufgefundenen Tiere besonders gern gefressen werden, dann bereichert sich der Speisezettel für die Tiere im Aquarium auf Dauer.

Bild 77. Typisches Bachforellengewässer (Eger) im Wellertal bei Selb, Fichtelgebirge. Aufnahme B. Kahl

Behältergröße und Besatzdichte
(in der Reihenfolge, in der die Arten behandelt werden)

Tierart	Terrarium Aquarium belüftet Beckengröße ab cm	Bestandsdichte
Forellen (Regenbogenforelle, Bachforelle)	80	2 - 5
Amerikanerkrebs Flußkrebs	60	3 - 4
Elritzen	60	5 -10
Feuersalamander	60	2 - 3
Köcherfliegenlarven	30	10-20
Groppen	80	3 - 5
Schmerlen	80	5 - 6
Stichlinge Zwergstichlinge	60	2Männchen 3 Weibchen
Schlammbeißer	80	5 - 6
Moderlieschen	50	6 - 8
Libellenlarven (Stengel zum Hochklettern für Umwandlung in Libelle)	30	3 - 6
Unken	60	3 - 4
Wasserschnecken	30	1 Schnecke je Ltr.
Rotaugen, Rotfedern, Goldrotfedern	80	4 - 5
junge Weißfische	60	10-15
Lauben	80	4 - 6
Schleien/Goldschleien	80	2 - 3
junge Karpfen, Schleien, Karauschen, Giebel, Goldfische bis 7 cm	60	4 - 6
Bitterlinge	60	4 - 6
Muscheln	60	2 - 3
Laubfrosch	100	3 - 4
Grasfrosch	100	3 - 4

Tierart	Terrarium Aquarium belüftet Beckengröße ab cm	Bestandsdichte
Erdkröte	80	2 - 3
einheimische Molcharten	60	4 - 6
Glasaale und Jungaale bis 30 cm	80	20 Glasaale 4 - 5 Jungaale
Gründlinge	ab 60	4 - 5
Orfen, jung, bis 20 cm	60	6 - 8 später Gartenteich
Strömer/Schneider	80	4 - 6
Sonnenbarsche	60	6 - 8
Zwergwelse	80	jung 2-3, ausgewachsen nur 1 Fisch
Wollhandkrabbe	60	Einzelhaltung
Graskarpfen, Silberkarpfen bis 15 cm	80	4 - 8 ausgewachsen größere Gartenteiche
Strandkrabben	80	3-4 gleichgroße Tiere, sonst Kannibalismus
Flundern (jung bis 20 cm)	80	2 - 3
Strandgrundeln	80	4 - 8
Seenadeln	80	3 - 4
Blumentiere	80	6 -10
Seestern	80	3 - 5
Wasserflohzucht zum Eigenbedarf	100	keine Belüftung

Literaturauswahl

(zum Teil nur noch in Bibliotheken einsehbar)

ENGELHARDT, W.: Was lebt in Tümpel, Bach und Weiher? Kosmos-Naturführer, Stuttgart 1982

JANUS, H.: Das Tümpelaquarium. Stuttgart 1963

Kosmos-Handbuch Aquarienkunde. Das Süßwasseraquarium. Stuttgart 1982

LADIGES, W.: Die Süßwasserfische Europas. Hamburg 1979

LEHMANN, J. und H.: Das Nord- und Ostseeaquarium. Stuttgart 1978

MAITLAND, P. S.: Der Kosmos-Fischführer. Kosmos-Naturführer, Stuttgart 1977

MAYLAND, H. J.: Niedere Tiere im Aquarium. Minden 1976

MIEGEL: Praktische Limnologie; Untersuchungen an Kleingewässern, Seen und Fließgewässern. Frankfurt

NORMAN, J. R.: Die Fische. Hamburg 1966

RIEHL, R. und H. BAENSCH: Aquarienatlas. Melle 1982

SCHINDLER, O.: Unsere Süßwasserfische. Kosmos-Naturführer. Stuttgart 1959

SCHUBERT, G.: Krankheiten der Fische. Kosmos-Vivarium. Stuttgart 1981

SCHUBERT: Praxis der Süßwasserbiologie. Berlin 1965

Register

Die **halbfetten** Seitenzahlen weisen auf Abbildungen hin